高 等 学 校 教 材

预测与决策

FORECAST AND DECISION

胡志栋　朱晓琳　齐永峰　编著

朱玉杰　主审

U0211728

哈爾濱工業大學出版社
HITP HARBIN INSTITUTE OF TECHNOLOGY PRESS

内 容 简 介

全书按照调研—预测—决策相互递进的关系进行了逻辑展开,结构清晰,内容新颖,系统严谨,符合认知规律。并从庞杂预测与决策体系中,明晰了最具代表性、实用性最强的内容,适合工业工程、管理科学与工程等相关专业的学生作为教材使用。

图书在版编目(CIP)数据

预测与决策/胡志栋,朱晓琳,齐永峰编著.

哈尔滨:哈尔滨工业大学出版社,2024.8. —ISBN 978 - 7 - 5767 - 1572 - 9

Ⅰ. C934

中国国家版本馆 CIP 数据核字第 2024EC2269 号

YUCE YU JUECE

策划编辑　刘培杰　张永芹
责任编辑　关虹玲
封面设计　孙茵艾
出版发行　哈尔滨工业大学出版社
社　　址　哈尔滨市南岗区复华四道街 10 号　邮编 150006
传　　真　0451 - 86414749
网　　址　http://hitpress. hit. edu. cn
印　　刷　哈尔滨圣铂印刷有限公司
开　　本　787 mm×960 mm　1/16　印张 13　字数 243 千字
版　　次　2024 年 8 月第 1 版　2024 年 8 月第 1 次印刷
书　　号　ISBN 978 - 7 - 5767 - 1572 - 9
定　　价　168.00 元

(如因印装质量问题影响阅读,我社负责调换)

前　言

所有的运营管理决策都是在预测的基础上做出的。每一项决策都要在未来某一时间见效,所以,现在的决策必须以对未来条件的预测为依据。预测学这门古老而又崭新的交叉学科,充分运用现代科学技术所提供的理论、方法、手段来研究人类社会、政治、军事以及科学技术等各事物的发展趋势。预测阶段对近期影响、中期变化和远景轮廓的描述为人们进行近期、中期、远期、长期决策提供依据。决策是人类的一种有目的的思维活动,从古至今,人类就以特有的决策能力,改变着人类与自然及社会的关系,以求得生存和发展。决策学知识逐渐被应用到社会经济和生活的各个方面,尤其在企业经营管理中取得了突出的成效。有些决策理论已经形成了比较完善的体系,实现了从经验决策到科学决策的过渡。

到了 21 世纪的今天,随着科学技术的不断发展,预测与决策又面临着新的挑战,如何运用人工智能技术进行预测与决策优化分析,已成为未来发展的主要趋势。虽然人工智能没有改变预测与决策的逻辑本质,但在预测与决策场景的速度和精度上有着实质性提升,弥补了传统预测范式的不足,并提高了决策效率和效果。本书以企业为依托,以现代的预测与决策为新理念,对其内涵和方法进行了拓展。其中许多预测与决策方法对其他行业同样适用,或有重要的借鉴意义。

全书按照调研—预测—决策相互递进的关系进行了逻辑展开,结构清晰,内容新颖,系统严谨,符合认知规律。并从庞杂预测与决策体系中,明晰了最具代表性、实用性最强的内容,适合工业工程、管理科学与工程等相关专业的学生作为教材使用。

全书共分为十章,包含市场调研概述、市场调研方法、预测概述、定性预测方法、定量预测方法、预测方法的选择及监控、决策概述、单目标决策方法、多目标决策方法和群体决策。第八、九章由胡志栋编写,第一、二、三、七章由朱晓琳编写,第四、五、六、十章由齐永峰编写。全书由胡志栋负责总纂定稿,朱玉杰主审,颜克旭、武星宇、周靖雯、杨帆参与了资料的收集与整理工作。

本书在编写过程中参阅了大量文献资料,特此向有关作者致以衷心的感谢。

由于编者水平有限,书中难免有不当之处,敬请读者批评、指正。

编　者
2024 年 3 月

目　　录

第一章　市场调研概述

第一节　市场调研的定义与特征

1. 市场调研的定义

市场是一个永远在变化的领域,在社会经济飞速发展的同时,信息已经成为最重要的资源之一。面对越发激烈的市场竞争,企业要想生存发展,就必须充分洞察所处环境的特点以及市场的规律,对市场变化做出科学有效的预测,并以此为基础进行决策。而市场调研是获取市场信息、制订营销计划、进行现代化管理的一种重要手段。因此,我们必须明确市场调研的定义是什么。

一般情况下,市场调研的定义可分为广义与狭义两种。广义的市场调研的对象是整个市场乃至整个经济社会,是指通过科学且客观地收集信息,分析现存以及潜在市场的变化或规律,并以此为依据进行经营决策,从而达到进入市场、占有市场份额并取得预期效果的目的;狭义的市场调研是从营销的角度出发,用科学的方法搜集、整理、记录、分析和解释消费者对产品的购买情况,或消费者对购买服务过程产生的意见、动机、喜爱等有关资料的整个活动。

由于本书中所研究的对象不仅仅是指市场营销中对产品的调研,还涉及对环境、服务、生产以及流通情况等的调研。因此,结合实际情况,本书将广义的市场调研作为研究范畴。

2. 市场调研的特征

(1)社会性

市场调研的对象是市场环境、消费者和用户。而市场调研的内容和应用范围涉及社会经济生活的各个领域,其本身是面向社会的一种社会实践活动,旨在了解和认识社会,掌握市场环境的变化,并使企业的经营活动与外部环境变化保持适应。

（2）目的性

市场调研具有明确的目的指向，旨在找出市场发展的变化规律，了解市场特征、把握市场变动趋势，它的最终目的是为企业管理决策层或相关部门提供信息、支持和科学依据，从而预测、决策以及制订长远性的战略规划。

（3）系统性

市场调研不能单纯地搜集市场信息资料，也不能只停留在生产经营活动前的市场研究。市场调研是对市场状况全过程进行研究分析的整体活动，包括事前、事中和事后阶段，是先明确目的，再进行准备、设计策划、资料收集、整理与分析、撰写调研报告等事项的一个系统过程。

（4）科学性

市场调研必须采用被实践证明是行之有效的科学手段和方法，并且提供的信息应当准确无误地反映真实情况，不能主观臆测，不带任何偏见。通过对样本的大量统计与分析，市场调研可以在很大程度上消除偶然因素对结果的影响，体现样本的必然性和本质特征，从而发挥市场调研的价值。

（5）时效性

市场调研只能反映特定时间内的信息和情况。市场在不断变化，总是会涌现出新的问题与情势，因此，市场调研应在特定的有效时间内完成，若不能按期保质保量地完成，则会失去其应有的意义。

（6）约束性

在实际中，市场调研通常会受到各方面不同程度的约束，例如调研经费、调研时间、空间范围、信息项目等因素。在对市场调研方案进行策划时，应当考虑各种因素的约束条件，确保方案与需求和财力相适应。

（7）不确定性

市场调研所收集的资料一般具有表面性，并不一定绝对准确、完整，只有通过人为的分析，才能获得内在有价值的东西。由于市场是一个受众多因素综合影响和作用的场所，加之市场调研受时空范围和调研经费的约束，导致市场调研具有不确定性，并且市场调研不可能准确地掌握全部信息。同时，在实践中发现被调研者千变万化的心理状态有时也会导致调研结果产生偏差，从而大大增加了市场调研的不确定性。因此，任何形式的市场调研都不可避免地会产生误差和疏忽，都具有不确定性。我们应当正确看待这样的不确定性，同时市场调研作为预测和决策的基础，在统计分析信息时应尽量减少错误和误差。

第二节　市场调研的作用

国际知名市场调研专家卡尔·迈克丹尼尔(Carl Mcdaniel. Jr.)博士曾在其著作《当代市场调研》中提出了市场调研具有三种功能,即描述、诊断和预测。描述功能是指充分获取市场的相关资料并客观陈述事实;诊断功能是指解释和分析信息;预测功能是指总结市场的变化,判断市场的趋向和特征,做出决策并针对可能出现的情况进行应对调整。

市场环境在不断变化。如果企业想要及时发现和抓住机会,就需要善于在没有有效的市场调研活动的情况下实现目标。市场调研的目的应与任何情报工作相同。一个是找出未知的情况,另一个是确认现有的判断或假设。通过市场调研活动,可以根据企业的实际情况确定生产经营活动并做出决策。市场调研可以为企业提供有关市场环境、竞争状况、顾客需求等方面的信息,帮助企业制订营销策略和决策,提高市场竞争力。

市场调研具有如下作用:

(1)能够为企业决策提供市场信息

掌握市场动态和信息,丰富和完善市场信息系统,为企业科学制订生产经营计划和决策提供依据。企业决策的正确性,除了受决策者能力和素质、企业条件等因素的影响,还取决于企业所面临的外部环境。因为企业所面临的环境是多变、未知和不确定的,因此,研究市场,获取市场信息,掌握市场发展变化的规律,使企业的产品和服务适应市场需要,满足消费者和用户的需求,是企业决策中必须解决的首要问题。

(2)能够帮助企业认识和把握市场的发展变化

市场总是处于变化的状态,同时也存在着一定的规律,包括供求规律、趋势规律、季节规律、经济周期规律、产品生命周期规律和竞争规律等。对市场调研信息的获取、处理和分析直接决定了对这些规律的理解和把握的程度。市场规律归根结底体现了消费者的消费模式规律,企业的产品和服务最终也是面向消费者的,因此,企业只有掌握这些规律,才能从中获益。

(3)能够帮助企业用数据发掘更深层次的信息

生活中有许多现象具有普遍性,同时也具有特殊性,各种现象背后都蕴含着深刻的信息。通过市场调研得来的数据可以解释现象,得出有意义的结论。例如,英国一家研究机构发现,经常使用智能手机会让人变得粗鲁无礼。英国市场研究公司在2012年2月对200名英国人进行了调研,结果显示,随着智能手机的普及,在

面对面的交谈中,手机降低了移情和理解的作用,粗鲁的英国人的数量在逐渐增加。根据智能手机的使用会使英国人变得更加粗鲁的结论,手机制造商或运营商可以考虑做出相应的反应,赢得社会和消费者的青睐。

(4)能够帮助企业研发新产品,开拓更为广阔的市场

企业的市场开发、旧产品的改进和新产品的开发通常需要了解现有市场、潜在市场、未来市场、现有客户群和新客户群的情况。企业需要了解目标产品和服务,提供内容、时间、地点、设计、生产、定价以及营销方式。通过市场调研,可以为这些问题的决策提供信息依据,从而使市场开拓和新产品开发更加高效。从长远来看,企业想要立足,甚至是发展得更加壮大,就需要不断拓展更加广阔的市场。由于每个国家和地区的市场环境不同,同一产品的供求量可能会有很大的差异。通过市场调研,了解各个国家和地区的消费情况是进入这些地区和国家的前提。这样,企业产品和服务就不会局限于一个地区,经营规模会不断扩大,利润也会越来越多。

(5)能够帮助企业更好地满足顾客需求

为了在激烈的竞争中生存和发展,企业必须比竞争对手更好地满足目标客户的需求。客户的需求多种多样,不断变化。在这样的环境下,市场调研可以帮助企业更好地了解消费者不断变化的需求,从而提供高质量的产品和服务,提高客户忠诚度,以便更好地适应市场。同时,市场调研也为消费者提供了发表意见的机会。用户可以及时向制造商或供应商反馈他们对产品及服务的意见和想法。不难看出,市场调研是双向的,不仅对企业有利,而且对用户也有利。

(6)能够提高企业的综合竞争力

现代市场竞争的本质是信息和数据的竞争,重要信息的获胜者将成为市场的赢家。通过市场调研,企业可以充分且及时地掌握竞争对手的数量、分布、市场份额、经营策略、产品优势、营销策略,甚至未来的发展意图,实现知己知彼。因此,企业必须利用市场调研不断地收集竞争对手的信息,进行分析评估,并挖掘自身的核心竞争优势,不断完善,将企业核心竞争力转化为市场竞争优势。2012年,星晨急便公司倒闭,主要原因就是市场调研不充分,对市场现状缺乏分析,对竞争对手顺丰快递公司崛起以及B2C市场卖方加盟模式无所认知等。

(7)能够充实和完善企业生产经营信息系统

企业生产经营信息系统指通过电子计算机收集有效信息,及时向各阶层管理人员提供经营管理所需信息的系统,是企业管理信息系统(IMS或ERP)的重要组成部分。一般由内部报告系统、营销信息系统、研究系统和营销分析系统组成。企业经营信息系统包括企业外部环境、市场供求、企业生产、营销、仓储和采购、销售、财务、产品、价格、竞争、展销会和营销活动等信息。它的主要信息来源是内部报告

和市场调研,其产出主要为市场预测和营销决策提供信息支持。因此,市场调研可以帮助企业收集和分析市场信息,了解消费者的购买习惯、喜好和行为,从而优化产品设计和推广策略。通过了解竞争对手的产品优势和不足,企业可以更好地调整自己的生产经营信息系统,提供更具竞争力的产品和服务。此外,市场调研还可以帮助企业发现市场的变化趋势和未来的发展机会,在决策和规划过程中提供有价值的信息。通过市场调研,企业可以更准确地把握市场需求和变化,及时调整和优化自己的生产经营信息系统,以适应市场发展的需要。

第三节　市场调研的类型

市场调研有许多不同的方法,每种方法都有其独特的功能和局限性。由于市场调研的目的和要求不同,不同的管理涉及不同的市场范围、信息和时间等,所以形成了不同的市场调研。市场调研按不同的标准进行分类,根据不同的目的、产品、空间、时间和方法,可分为不同类型的调研。

研究市场调研的分类,有利于根据不同类型的市场调研的特点,明确调研的具体内容,制订相应的市场调研方案。想要做好市场调研,企业需要依据调研目的和任务,对被调研对象的特点选择适当的调研方式。

1. 按调研对象的不同分类

(1)消费者市场调研

消费市场是指为满足个人生活需求而购买商品的市场,消费者是最终购买和使用商品的人。消费者市场调研主要包括:消费者数量调研、消费者结构调研、消费者购买力调研、消费者支出结构调研、消费者行为调研和消费者满意度调研。在消费市场上,商品的购买者可以是个人或家庭,市场中的购买和销售活动主要针对满足日常生活需求的产品。由于购买活动频繁且小额,消费者在购买时往往缺乏专业知识,因此服务质量会对商品的消费量产生重要影响。此外,由于商品具有替代性,购销活动需要具备一定的灵活性。

(2)生产者市场调研

生产者市场是指为满足加工、制造等生产活动的需要而形成的市场,一般情况下,也被称为生产材料市场。生产者市场的购买者主要是生产企业和单位,购买的产品大多是初级产品和中间产品,或者生产原材料。购销活动具有规律性强、规模大、缺乏一定的灵活性等特点。生产者市场调研主要包括:宏观环境调研、生产者市场构成调研、顾客状况调研、组织购买行为调研、市场占有率和竞争力调研。现

代企业的许多生产过程都需要特定的原材料,否则就不能生产具有一定特性的合格产品。对生产市场进行调研可以了解企业的生产数据来源是否稳定,是否存在可变性和替代性,为企业制订长期计划提供了保证。

(3)服务市场调研

产品可以分为有形的和无形的,有形产品可以从产品本身或在使用过程中看到其外观是否赏心悦目,内部质量是否可靠,技术含量是否高端,包装是否合适。无形产品是指服务市场,主要为第三产业的发展、市场竞争、服务项目和质量调研,主要包括服务内容、项目、形式、覆盖范围、时间、手段、措施和效果等内容。

2. 按调研目的的不同分类

(1)探测性调研

探测性调研是指在市场形势不是十分明朗的情况下,为了找出问题所在和症结,明确深入调研的具体内容和重点而进行的调研。探测性调研一般不像正式调研那样严格和详细,不会制订详细的调研计划,要求尽可能节省时间,快速发现问题。通常用于提前调研项目的设计,使用小样本调研,不一定强调样本的代表性。对数据的分析主要是定性的,结果一般具有试探性和暂时性,以帮助研究人员了解和理解他们所面临的问题,并为进一步的正式研究开辟道路。探测性调研主要利用已有的历史数据、生产经营数据和会计数据,或政府公布的统计数据和长期规划、学术机构的研究报告等二手信息进行研究,或邀请有丰富生产经营活动经验的专家、学者及专业人士对市场相关问题进行研究。例如,某企业打算投资一条新的生产线,它可以首先采用探测性调研,从市场需求可能性、需求规模、投资效益等方面确定是否可行,若可行,可进行更深入和正式的调研。

(2)描述性调研

描述性调研是指对需要调研的客观现象进行的正式调研。旨在描述总体特征和问题。在描述性调研中,使用事先制订好的结构性问卷或调研表,同时搜集原始资料和次级资料。调研方法以定量研究为主,与定性研究相结合。调研结果是结论性的和正式的。描述性市场调研要解决的问题是说明"是什么",而不是"为什么"。因此,调研前需要拟订调研方案,详细地记录调研数据,经过统计分析才能得出调研结论。比如对销售渠道的调研、对竞争对手的调研等均属于描述性调研。描述性调研具有六个要素(六个 W),即调研目的、调研对象、调研对象的信息获取源、调研对象信息收集的获取时间、调研对象信息收集的获取地点、获取信息的方式和方法。主要描述调研现象的各种数量和有关情况,可以为市场研究提供基本资料。例如,消费者需求描述调研,主要是搜集有关消费者收入、支出、商品需求量、需求倾向等方面的基本情况。美国杂志《青少年博览》曾为了解其读者的特点,特针对 12～15 岁的少女使用香水、口红等情况进行了一次描述性调研。调研数据显示:12～15 岁少女中有 86.4% 的人使用香水、84.9% 的人使用口红。而在使用香水的女孩中有 27% 的人使用自己喜爱的品牌,有 17% 的人使用共同的品牌,有 6% 的人使用别人推荐的品牌。调研结果表明,美国 12～15 岁的大多数少女使用化妆品,并且开始使用化妆品的年龄较小,对品牌忠实程度高。在这里需要说明的是,描述性调研与探测性调研相比,要求有详细的调研方案,要进行实地调研,掌握第一手原始资料和二手资料,尽量将问题的来龙去脉和相关因素描述清楚;要求系统地搜集、记录、整理有关数据和有关情况,为进一步的市场研究提供信息。

(3)因果性调研

因果性调研又称相关性调研,是指为了探索有关现象或市场变量之间的因果关系而进行的市场调研。它所回答的问题是"为什么",因果性调研的目的在于找出事物变化的原因和产生各种现象之间的相互关系,从而找出影响事物变化的关键性因素。如在价格与销售量、广告与销售量的关系中,找出哪个因素对销售量起主导作用,就需要采用因果性调研。因果性调研可以从一定的因果式问题出发,探求其影响因素和原因,也可先摸清影响事物变化的各种原因,然后综合推断事物变化的结果。通常把表示原因的变量称为自变量,把表示结果的变量称为因变量。在自变量中,有的是企业可以控制的内在变量如企业的人、财、物等;有的是企业不可控制的外在变量,如反映市场环境的各种变量。因果性调研为了找出市场变量之间的因果关系,既可运用描述性调研资料进行因果关系分析,也可搜集各种变量的具体资料,并运用一定的方法进行综合分析、推理判断,在诸多的联系中揭示市场现象之间的因果关系。

(4)预测性调研

预测性调研是指为了预测市场供求变化趋势或企业生产经营前景而进行的具有推断性的调研。它所回答的问题是"未来市场前景如何",其目的在于掌握未来市场的发展趋势,为生产经营管理决策提供依据。例如,消费者购买意向调研、宏观市场运行态势调研、旺季市场走势调研、产品或服务需求趋势调研等,都是带有预测性的市场调研。预测性调研是在描述性调研和因果性调研的基础上,充分利用描述性调研和因果性调研的现成资料,同时要求搜集的信息应符合预测市场发展趋势的要求,既要有市场的现实信息,更要有市场未来发展变化的信息,如新情

况、新问题、新动态、新原因等方面的信息,可以对市场的未来走势做出推断和预测。预测性调研的实质就是市场调研结果在预测中的应用。

3. 按调研间隔的时间不同分类

(1)一次性调研

一次性调研又称临时性调研,是指为了研究某一特殊问题或临时出现的问题而进行的一次性市场调研。例如,拟建新的零售商场、开拓新市场、经营新商品等,一般都需要做一次性的市场调研,以了解市场范围、市场需求、市场竞争等方面的情况。它主要是针对短时期内变动不大的不需要做连续性调研的研究对象,目的在于探测市场现有的相关情况,为新企业进入市场或开拓新的市场提供依据。一次性调研后,在短期内往往不需要进行第二次相关的调研。如某连锁店需要再开一个新的分店,就需要进行一次性市场调研,以了解市场范围、需求、竞争情况等。

(2)定期性调研

定期性调研是指对市场情况或业务经营情况每隔一定时期所进行的调研,且时间间隔大致相等,即具有一定的周期性。如月末调研、季末调研、年末调研等。调研的方式一般有定期报表调研、定期抽样调研和定期普研等。定期调研往往是一些大型企业为分析其业绩或为探测长远计划是否可行而进行的。这种调研往往由企业专门的市场调研机构负责,以使调研结果更高效、准确。

(3)经常性调研

经常性调研是指在选定调研的课题和内容之后,对调研对象组织长时间的、不间断的调研,且信息资料具有时间序列化的特点。它比定期性调研更能及时了解情况,其目的在于获得关于事物全部发展变化过程及其结果的资料。如企业内部生产经营情况的统计调研、同行业价格调研、市场行情调研等。

4. 按调研的范围分类

(1)单项目调研

单项目调研是为了解决某一方面的问题而进行的专项市场调研,通常只涉及一个目标、一种产品、一个项目的某一调研对象的市场研究。例如,从商品需求数量、价格、耐用品拥有量、购买力水平、消费结构、消费倾向等项目中,选择其中一个项目进行调研,就属于单项目市场需求调研。

(2)多项目调研

多项目调研是指为了系统地了解市场供求或企业生产经营中的各种情况和问题而进行的综合性调研,包括多目标、多商品、多项目调研。例如,对商品需求数量、价格、耐用品拥有量、购买力水平、消费结构、消费倾向等项目全部进行调研,就属于多项目市场需求调研。

5. 按调研的方式不同分类

（1）市场普研

市场普研，是对市场有关母体（又称总体），即所要认识的研究对象全体进行逐一的、普遍的、全面的调研。这是全面收集市场信息的一种方法，可以获得较为完整、系统的信息资料，是企业科学管理的基础。企业在市场普研的研究中，可以根据生产经营决策的要求，确定一定的市场范围，对市场情况进行普研。有时，也可以为了获得某一方面专项的市场资料进行专项普研，如商业网点普研、某种商品库存量普研、试销新产品对全体消费者购买新商品质量反映的跟踪调研等。一般要组织专门机构，调配专门人员，在规定的时间内，按照统一的口径要求，分头了解市场某一方面的情况，然后集中进行统计、汇总，形成有关市场总体的情况。

（2）重点调研

重点调研是在调研对象（总体）中选定一部分重点单位进行调研。所谓重点单位，是指在总体中处于十分重要的地位，或者在总体某项标志总量中占绝大比重的一些单位，它们的重点地位在客观上是明确的。采用这种调研方式，较易选定为数不多的重点调研单位，运用市场调研的方法，能够以较少的人力、较少的费用开支，较快地掌握调研对象的基本情况。在市场调研中，重点调研方式常用于商品需求和商品资源的调研。在一定范围内，某些商品的总需要量中，重点单位的需要量占绝大比重，调研这些重点单位的需要情况，就可以掌握该商品的基本情况，便于企业做出生产经营决策。例如，某批发商对几百家工厂供应某种原料，其中10家工厂的供应量要占总供应量的80%左右，调研这10家重点工厂的需求，就可以掌握该原料需求的基本情况。由于重点单位不具有普遍代表性，因而此调研方法具有一定的局限性。重点调研的目的主要是为了对调研对象（总体）的基本情况做出估计，一般需要利用重点调研的综合指标来推断总体的综合指标，但在商品需求和商品资源的调研中，也可以利用重点调研所得到的数据资料，对总体的综合指标做出粗略的估计。

（3）典型调研

典型调研是在调研对象（总体）中有意识地选择一些具有典型意义，或具有代表性的单位进行专门调研。这种调研一般可分两类：一类是对具有典型意义的少数单位进行解剖麻雀式的调研，以研究事物的一般情况。这类调研，通常用来研究新生事物以及新情况和新问题，或者用来总结先进经验，以便掌握典型，指导全面工作。另一类是从调研总体中选择具体有代表性的典型单位进行调研，以典型样本的指标推断总体的指标。典型调研的调研单位较少,人力和费用开支比较节约,运用比较灵活,而且调研内容可以多一些,有利于深入实际,发现新事物,探索新问题,研明客观经济现象产生的原因。在我国,人们对这种调研比较熟悉,而且具有丰富的实践经验,所以典型调研得到了广泛应用。做好典型调研的关键在于选好典型。所谓典型,是指被调研单位所具有的代表性。典型单位是否具有代表性直接关系到调研效果的好坏。典型单位代表性的具体标准,应当根据每次市场调研的目的和调研对象的特点来确定,不可能规定一个统一的、固定不变的标准。一般说来,如果调研的目的在于总结推广先进经验,可以选择某方面工作突出的先进单位为典型单位;如果调研的目的在于深入了解调研对象的具体情况和存在的问题,可以选择优秀的、中等的、欠佳的各若干典型单位;如果调研的目的是以典型样本的指标来推断总体的指标,那么就可以根据调研总体各个单位的差异状况,采取"划类选典"的方法来选定典型单位,即以某个标志分类。如在居民消费品需求调研中,按居民人均收入水平高、中、低分类,在各类中按比例或不按比例选定典型单位,或者在每类中再细分为若干小类,在各小类中按比例或不按比例选定典型单位。

(4)抽样调研

抽样调研是指从市场母体中抽取出一部分子体作为样本进行调研,然后根据样本信息,推算市场总体情况的方法。在市场调研的实践中,更多的是采用抽样调研的形式。抽样调研的主要优势表现为以下几个方面。

①调研工作量小。从定义出发,抽样调研是从市场母体中选取一定数量的样本作为调研对象,以样本信息反映市场的总体情况,这样的调研工作量相对较小。

②调研费用低。抽样调研是选取样本做调研,相对节省调研费用,从而提高市场调研的经济效益。

③调研时间短。抽样调研由于只选用了一定比例的样本,所以它节省了大量的调研时间,可以及时取得调研结果。

当然,抽样调研也要注意采用科学的方法,保证调研结果的相对准确性。否则,尽管费用省了、时间快了,但准确性差的调研结果就会使调研工作失去意义。

抽样调研的特点就是抽取样本进行调研,所以难免会使调研结果产生误差,这也是抽样调研的局限性。为了充分发挥抽样调研的积极作用,应尽量减少抽样误差,具体说来应从以下几方面予以注意。

①正确地敲定抽样的方法,使抽选出来的样本能够真正代表母体。如果选取的样本能够很好地代表母体,那么调研结果就比较准确、误差较小。反之,如果抽选的样本不是母体的真实缩影,那么调研结果就不能如实地反映和推算母体的准确情况。

②恰当地确定样本的数目。调研样本数量多,有利于提高调研结果的准确性,减少误差,但随之带来的问题是,样本越多,需要的时间越长,费用开支越大。样本数量少,可以节省时间和费用,但带来的误差较大,调研结果的准确程度较差。在市场调研中,如何处理好样本数目的多少和调研结果的准确程度这对矛盾,需要从实际出发,依据调研问题的性质而定。

抽样数目的多少,还取决于允许误差的大小。在市场调研中,有时可以根据调研要求,提出对调研的误差允许度。一般来说,允许误差越小,抽样数目应越多;允许误差稍大,抽样数目可以适当减少。

③加强抽样调研组织工作,提高工作质量。在市场调研中,如果工作质量差,也会明显降低调研结果的准确性。这类调研误差属于工作组织问题,并不是由于抽样方法本身造成的,称为非抽样误差。非抽样误差的产生,主要基于下列原因:一方面是计划不周,划分范围不准,调研项目设计不当。例如,调研一个城市的市场情况,计划对城区、近郊区居民的消费情况进行抽样调研。但是,这里忽略了对外来非常住人口和流动人口的消费调研,结果就会有较大的误差。这是市场调研中计划组织工作的失误。调研项目设计不当,或含义不准,导致被调研者不愿如实回答、填报有关问题,则属于工作质量问题。如调研私营企业和个体经营者收入情况,如果设计项目中有收入、税收等内容,就有可能遇到未如实填报的问题。这类项目,在设计时应采用更策略的手法,如匿名填表、深入面谈的形式等,可调研了解真实情况,减少误差;另一方面是记录、计算、汇总误差。在抽样调研中,有时要填写成千上万张表格,一天中需要记录许多内容,工作单调枯燥。这时如果调研人员责任心不强,工作不细致,就有可能造成记录不准确等问题。另外,在计算、汇总调研情况的过程中,调研内容多,工作复杂,采用人工计算,容易产生差错,造成调研误差。上述两类情况,可以采取适当措施,努力加强市场调研的组织工作,增强调研人员的工作责任感,保证工作质量,从而减少调研误差。

6. 按调研的方法不同分类

（1）邮寄问卷调研

邮寄问卷调研也称信函调研,是指用邮寄的方法将设计印制好的调研问卷寄给被选中的调研对象,由其根据要求回答填写后再寄回来,从而收集信息的一种调研方法。

①邮寄问卷调研的优点在于:调研的空间范围广。即不受地理位置的限制,只要能获得一个适当的通信（邮寄）地址,就可以选为调研样本;调研者的影响小,没有因调研者在场而引起偏见,已被证明最适合收集对敏感性问题的反应;费用较

低。特别是当被调研者遍及一个很大的地区时,调研的样本数目可以很多,得到的信息资料所花的费用相对于其他调研方法来说比较便宜;应答者对问题的回答会更确切。被调研者有较充裕的时间来考虑回答问题,因此能更深入地思考或从他人那里寻求帮助,得到的答案会比较全面、真实和可靠。

②邮寄问卷调研的不足之处在于:问卷的回收率较低,这有可能影响样本的代表性;所花的时间长,大多数问卷的回收要几个星期;结果的失真度高,由于不受调研者的控制,所收集的信息可能是许多人的综合意见,或者被询问者只是部分地答复问卷,所得到的结果不一定代表整个需要调研的总体,从而导致调研结果的失真。因此邮寄调研的精确程度是比较低的。

(2)面谈调研

面谈调研是市场调研中最灵活的一种调研方法,指的是访问者通过面对面地询问和观察被访问者而获取市场信息的方法。访问中要事先设计好问卷或调研提纲,调研者可以依据问题顺序提问,也可以围绕调研问题自由交谈。在谈话中要注意做记录,以便事后整理分析。交谈方式,可以采用个人面谈、小组面谈和集体面谈等多种形式,有时安排一次面谈,也可以进行多次面谈。这要根据调研的目的、时间、费用情况来加以选择。

①面谈调研的优点在于:直接性,调研人员能够直接接触被调研者,收集第一手资料,并根据被调研者的具体情况做深入的访问;灵活性,面谈访问使用的问卷具有相当的灵活性,提问的次序可以依据被调研者的特点而变化。一旦发现被调研者与所需的调研样本不符,可以立即终止访问。调研人员还可以根据调研工作的要求,随时向消费者、业务人员以及客户进行面谈调研,及时了解市场情况,并弥补事先考虑的不周;可观察性,个人访问中调研者不仅能直接听取被调研者的意见,而且还能观察被调研者,便于判断被调研者回答问题的态度以及资料的真实可信度;准确性,即能通过调研者充分解释问题,很少出现遗留问题不答复的情况,答复误差可减少到最小程度。

②面谈调研也有一些明显的缺点:成本高,时间长,如果被调研者较多,需要雇用大批有专业知识的调研人员,并对他们进行短期培训,因此费用较高,同时,要与众多的被调研者分别面谈,花费的时间也较多;调研者的影响,面谈调研会因为调研员的影响或询问方法不当而导致失真,调研者个人的兴趣和态度也会使其对访问对象的回答得到不同的解释,还可能出现欺瞒谎报的情况,而调研机构很难督促、检研或控制,从而影响信息的质量,这种方法不宜进行敏感性问题或纯属私人信息的收集,面谈调研的成功与调研员的业务水平、表达能力、工作责任感等有很大的关系。因此,调研者需要训练有素、专业素养高,具有熟练的谈话技巧,善于启

发、引导和归纳总结。

（3）文案调研

文案调研又称二手资料调研或文献调研，是指研询和阅读可以获得的（通常是已出版的）与研究项目有关的资料的过程，文案调研与其他调研方式相比，所获得的信息资料比较多，获取也比较方便、容易，无论是从企业内部还是企业外部，收集过程所花时间短，而且调研费用也低。

（4）电话调研

电话调研是指通过电话询问的方式从被调研者那里获取信息的调研方法，电话调研主要是在企业之间（如信息中心、调研咨询公司等）借助电话向对方了解商品供求信息以及价格信息等。现在，也可以通过电话向消费者家庭进行询问调研。这可以通过电话以电话簿为基础，进行随机抽样，打电话调研市场需求情况等。

①电话调研的优点在于：调研费用相当低。这种调研大多限制在当地，即使在全国性或地区性范围内，随通信设施的完善也能将费用控制在适当的范围；所需时间相当短。因为省去了旅途时间和等待问卷的时间，可以在短期内快速地收集资料，同时还可以保持询问过程及对被调研者控制的统一性，并可以通过缩小调研员的主观影响而减少调研可能产生的偏差。

②电话调研的缺点在于：难以得到视觉的帮助。特别是在调研中，需要了解被调研者对一些图片、广告等实物或设计的反应和态度时，难以使用实物提示来提高调研的效率；很难让被调研者回答。电话提问的时间过长，除非被调研者对所调研的问题特别感兴趣；敏感性问题也难以用电话进行询问。同时，调研者很难通过电话判断所获信息的有效性。

（5）网络调研

网络调研也叫网上调研，是指企业利用互联网和各种网络平台了解和掌握市场信息的方式。与传统调研方式相比，网络调研在组织实施、信息采集、信息处理和调研效果等方面具有明显的优势，充分认识这一方式的特点，是很好地开展网络调研的前提。网络调研的特点主要包括组织简单，费用低廉，调研结果的客观性高，传播快速，采集信息的质量可靠，没有时空、地域限制，大大缩短了调研的周期。

按照调研者组织调研样本的行为，网络调研可以分为主动调研法和被动调研法；按网络调研采用的技术可以分为站点法、电子邮件法和视讯会议法等。

以上从不同角度以不同标志来划分市场调研的各种不同类型，其目的是对各种市场调研问题进行深入分析和研究，便于针对不同类型的调研特点，提出不同的调研要求，选择相应的调研方式和方法。上述各种类型的市场调研，有些单独在市场营销管理、科学决策中发挥作用，但在实际工作中这些市场调研的方法往往是相互结合、相辅相成的,许多不同类型的市场调研往往与同类型的市场预测结合起来,共同完成市场研究工作,探索市场未来发展,为科学的经营决策提供依据。

第四节　市场调研的内容

1. 市场环境调研

市场环境是指对企业生产经营活动产生影响的外部因素的总和,包括政治、法律、经济、文化、教育、民族、科技等方面。企业的生存和发展离不开市场所处的环境。环境是客观的,是不以人的意志为转移的,企业只有在对所处环境进行深入调研和详细分析的基础上,才能有效避开各种威胁,制订出适合企业发展的方针策略。企业生产经营活动与外界环境相适应,就能促进企业各项事业的发展;反之,企业在市场上就不能立足,甚至会被市场淘汰。为此,企业应当对以下方面进行调研和深入分析。

（1）自然环境的调研

自然环境是先天的决定因素,它决定了企业的生存方式。自然环境包括自然资源、地理状况和气候环境等。自然资源是企业能够利用的基本资源,必须考虑其储存、开发以及更新情况,尤其是短期内不可更新的资源,一旦缺乏,企业便会陷入困境。地理状况会影响企业的生产资料来源,产品的销售、运输和储存方式,消费结构和消费习惯。了解各地的差异,企业才能采取适当的营销策略。例如,由于重庆地势起伏大,自行车在重庆就不畅销。气候会影响消费者的衣着、饮食和住房等,从而制约着很多产品的生产和经营。例如,在北方畅销的羽绒裤,在南方却滞销,最主要的一个原因就是气候的影响。

（2）政治和法律环境调研

市场经济必须受一定的法律的约束,企业做任何事情都不得违反国家的法律。每个企业都必须要熟知合同法、商标法、专利法、广告法等多种法规条例,进入国际市场还应了解有关国家的对外贸易法律。因此,国家的政策、方针、路线、法规条例,国内外政治形势、政府的经济政策及政治体制改革等,都会对商品的销售情况产生巨大的影响。政治环境调研主要是为了了解对市场产生影响和制约作用的国内外政治方针与政策及法规条例等。例如,我国自加入 WTO 后,企业从国内市场扩展到国际市场,就必须弄清楚与世界贸易相关的原则,否则,将会给企业带来不利的影响。

（3）经济环境调研

经济环境对市场活动有着直接的影响，经济环境包括各种重要经济指标。企业对经济环境的调研主要包括两个方面：一是经济发展水平。这主要影响市场容量和市场需求结构。例如，经济发展水平增长得快，经济形势好，就业人口增加，消费需求就会相应增加，消费结构将发生改变。二是消费水平。消费对生产具有反作用，消费水平决定市场容量。因此，经济环境调研是市场调研不可忽视的一个重要因素。

（4）社会文化环境调研

社会文化环境主要包括社会阶层、家庭组成、民族习俗、风土人情、伦理、道德、价值观、审美观、教育程度和文化水平等方面的情况。每一个地区或国家都有自己的传统思想、风俗习惯、思维方式和艺术创造价值观等，这些构成了该地区或国家的文化并直接影响人们的生活方式和消费习惯。

文化环境调研主要包括知识水平、风俗习惯、价值观、审美观等的调研。营销活动只有适应当地的文化和传统习惯，其产品才能得到当地消费者的认可。在构成文化的诸要素中，知识水平影响消费者的需求构成和对产品的判断力，知识水平高的市场，高科技的产品会有很好的销路。另外，风俗习惯也对消费结构有着重要的影响。

2. 市场需求调研

市场需求是指一定时期的一定市场范围内有货币支付能力的购买商品（或服务）的总量，又称市场潜力。市场需求调研是市场分析的重要任务之一。因为市场需求的大小决定着市场规模的大小，对企业投资决策、资源配置和战略研发具有直接的重要影响。市场需求调研的内容包括估计某类产品或服务市场的现有规模和潜在规模；预测该市场的近期需求量；估计该类产品（或服务）各品牌的市场占有率；市场需求结构；消费动机与行为；市场需求变动影响因素等。

（1）消费需求量调研

消费需求量调研直接决定市场规模的大小，它一般受两个因素的直接影响：

①人口数量。人口数量是计算需求量时必须考虑的因素，一般来说人口数量越多，市场规模就越大，对产品的需求量也必然会增加；同时也要分析人口的属性状况，如性别、年龄、教育程度等。

②消费需求量除了人口数量，还受到可支付购买力的影响。在拥有一定的可支付购买力的条件下，人口数量与消费需求量有密切的相关关系。分析消费购买力主要看消费者收入的来源、数量、需求支出方向以及储蓄状况等。

（2）消费结构调研

消费结构是指消费者将货币收入用于不同产品支出的比例,它决定了消费者的消费投向。对消费结构的调研主要是对当地的恩格尔系数的掌握。恩格尔系数是衡量消费者支出中食品支出占比的指标,通过对不同收入群体食品支出占比的分析,可以了解该地区的消费结构特点。恩格尔系数较高的地区,食品支出占比较高,通常意味着经济相对较落后,消费结构偏向基本生活必需品;而恩格尔系数较低的地区,食品支出占比较低,通常意味着经济相对较发达,消费结构偏向非基本生活必需品。因此,通过对当地恩格尔系数的调研,可以了解该地区的消费特点和经济发展水平。

（3）消费者行为调研

消费者行为调研是指对消费者的购买行为进行调研和分析。旨在了解消费者的购买者身份、购买时间、购买地点、购买动机、购买方式及影响购买的因素等。

购买动机是消费者为了满足特定需求而引发的购买愿望和意愿。消费者购买动机复杂多变,影响因素众多,可归纳为主观和客观两方面的原因:主观方面来自消费者本身,如本能动机、心理动机、感情动机、理性动机和光顾动机等;客观方面主要来自外界影响,如营销和广告等。

3.市场营销调研

（1）产品调研

产品调研又称产品研究,是指围绕企业的产品或服务的概念、特点、功能、效用等,进行产品市场定位,分析消费者需求的满足程度和价值接受,从而确定企业产品的市场前景,预测市场潜力和销售潜力,为企业开发新的产品和制订有效的营销策略提供依据。通常包括产品生产能力调研、产品质量调研、产品包装调研、产品生命周期调研和产品价格调研。

①产品生产能力调研。产品生产能力调研是对企业产品总的生产量有多大、分大类产品生产能力有多大、分品种产品生产能力有多大、有多少生产能力得到了满足、还有多少剩余生产能力未得到发挥、同行竞争者如何等方面进行调研,以进一步挖掘企业潜力,制订相应战略,最大限度地利用生产能力,取得更好的经济效益。产品生产能力是一个企业综合实力的体现。如果企业的产品市场看好,市场需求量大,而企业的生产能力达不到,可能会眼看着市场机会却抓不住,这也会影响企业的市场发展前景。

②产品质量调研。产品质量调研是要了解产品从外在特征到内在特性是否满足消费者的需求、是否达到企业目标的要求,与竞争者相比是否有优势、优势在哪

里、劣势在哪里、机会和威胁又在哪里,以制订改进策略和措施,使企业在激烈的竞争中立于不败之地。产品质量是产品的生命线,质量的好坏直接关系到产品的品牌、声誉和知名度等方面,进而影响到企业的生存和发展。

③产品包装调研。产品包装调研主要包括调研包装的外观设计、容量、包装材料等是否能被消费者接受和喜爱,他们为什么会喜爱,他们希望通过产品的包装获得哪些产品信息,竞争产品的包装有什么特点,消费者的评价如何等内容。对于运输包装应该了解包装是否方便运输、储存和拆封,能否适应不同的运输方式和气候条件等。包装是产品的一部分,它除了保护产品,方便运输和销售,还具有树立品牌形象和企业形象、促进销售等作用。

④产品生命周期调研。任何产品都会经历一个从进入市场、成长、成熟和衰退,直至退出市场的生命周期。企业掌握产品目前处在生命周期的哪一个阶段的信息,对制订营销策略和发展战略是必不可少的。产品处于生命周期的哪一阶段,主要反映在产品的销售量、产品的普及率、销售的增长率、消费者购买意向、市场竞争产品、可替代产品的开发和销售情况等方面。企业通过调研上述内容,可以确定产品所处的生命周期阶段,从而制订出恰当的营销策略。

⑤产品价格调研。产品价格是企业可控因素中最活跃、最敏感、最难以有效控制的因素。企业为产品所规定的价格是否恰当,关系到产品的销量、市场占有率和利润的大小,以及产品与企业形象的好坏。然而,定价又不完全是企业所能决定的,它受到消费者和经销商的利益、市场供求状况、竞争产品价格以及其他各种社会环境因素的影响和制约。因此,企业在为产品定价或调价之前,进行价格调研是完全必要的。

(2)竞争对手调研

企业要想占领市场,必须先弄清楚竞争对手的状况。竞争对手的状况调研是对与本企业生产经营存在竞争关系的各类企业以及现有竞争程度、范围和方式等情况的调研。随时了解竞争对手的情况,是企业获胜的必要手段之一。竞争对手调研包括:生产或输入同类产品的竞争者数目与经营规模;同类产品各重要品牌的市场占有率及未来变动趋势;同类产品不同品牌所推出的型号与售价水平;用户愿意接受的品牌、型号及售价水平;竞争品的质量、性能与设计;主要竞争对手所提供的售后服务方式,用户及中间商对此类服务的满意程度;竞争对手与哪些中间商的关系最好,原因是什么;竞争对手给经销商或推销人员报酬的方式及数量;主要竞争对手的广告预算与所采用的广告媒体销售渠道的选择是否合理、产品的储存和运输安排是否恰当。

（3）服务调研

在市场竞争日益激烈的今天，同行和竞争对手之间在有形的产品本身的质量、价格、促销等方面的差异在慢慢减少，逐渐地转向软件方面的较量，即服务。服务调研主要是了解服务项目、内容、形式、覆盖面、时间、措施及效果等方面的内容。

4. 广告调研

广告调研是针对广告制作及媒体投资等一系列行为所做的研究活动，其目的在于系统地调研广告的作用、方法和效果，揭示市场营销、品牌策略、广告创意、媒体组合等与广告受众的关系和规律，为广告策划提供支持。通过广告效果调研，企业可以知道投放的广告是否达到顶设的目标，同时也是企业或广告公司评价一则广告是否成功的客观尺度，是企业选择广告代理公司的一个标准。广告调研的内容主要包括：为广告创作而进行的广告主题调研和广告文案测试；为选择广告媒体而进行的电视收视率调研、广播收听率调研、报纸或杂志阅读率调研；为评价广告效果而进行的广告前消费者的态度和行为调研、广告中接触效果和接受效果调研、广告后消费者的态度和行为跟踪调研等。

第五节 市场调研的原则

市场调研具有如下几个原则。

1. 全面性原则

在社会大生产条件下的企业生产经营活动受到内部以及外部多方面因素的影响。因此，必须依据调研目的，全面系统地收集相关资料，从多方面真实地描述和反映调研对象发展变化的各种内外因素以及调研对象本身的变化规律和特征。

全面性原则又称系统性原则，是指市场调研必须全面系统地搜集有关市场经济的信息资料。只有这样，才能充分地认识调研对象的系统性特征，从大量的、系统的市场经济信息中认识事物发展的内在规律和发展趋势。全面性原则要求从多方面描述和反映调研对象本身的变化和特征；从多方面反映影响调研对象发展变化的各种内外因素，特别是要抓住本质的和关键的因素。全面性原则还要求市场调研活动应具有连续性，以便不断积累信息，进行系统的动态分析和利用，并且还要确保调研项目齐全，这包括确保总括性数据与结构性数据齐全，内部信息与外部信息齐全，主体信息与相关信息齐全。同时，我们还需要将横向信息与纵向信息相结合，以便更全面地把握市场动态和发展趋势。

2. 准确性原则

准确性原则,也称真实性原则,要求市场调研资料必须真实、准确地反映对调研对象的客观描述,不夹杂主观评价。这包括详细描述调研对象的时间、地点、事情经过以及涉及的经济活动主体等相关要素,确保所描述的环境条件和影响因素真实可靠,避免虚构。同时,调研数据的准确性、计量单位的科学性以及清晰准确的语言表达也是准确性原则的要求。实事求是和尊重客观事实是调研人员进行调研时应遵循的原则。如果调研人员弄虚作假或进行主观臆断,那么调研资料就会失去客观性,失去调研的意义。准确性原则是市场调研最基本和重要的原则之一。

3. 科学性原则

市场调研的科学性主要表现在:科学地选择调研方式、科学地拟订问卷、科学地运用一些社会学和心理学方面的知识与被调研者进行交流,获得准确而全面的调研资料,运用科学的方法和手段对收集的资料和信息进行分析和处理。同时,运用一些数学模型和统计学知识对整理的资料进行分析,较精确地反映调研结果。

保证市场调研科学性的首要条件是资料来源准确。市场调研应在时间和经费允许的情况下,尽可能获取更多、更准确的市场信息,为此,必须对市场调研的全过程做出科学的安排。应当采用科学的方法去定义调研问题,界定调研内容与项目,设计调研方案,采集数据,处理数据和分析数据。这一方面要求市场调研人员具有较高的技术水平和较丰富的工作经验;另一方面要求资料提供者持客观态度。

4. 时效性原则

时效性原则是指在进行市场调研时,要确保所收集的数据和信息具有及时性和准确性,以便企业及时掌握市场动态、了解竞争状况和做出决策。由市场调研的特征可知,市场调研是具有时效性的,在资料收集时,要充分利用有限的时间,尽可能在较短的时间内收集到尽可能完备的信息资料,不得拖延。只有这样,才能提高市场调研资料的价值,才能使生产经营决策及时进行,取得工作的主动权。若没有抓住时机,不但会增加调研费用,导致获得的资料过期,而且还可能引导企业做出错误的决策。为此,要求市场调研要及时进行,要注意市场活动的先兆性;要求调研资料的传递渠道畅通、层次少、手段先进;要求对调研资料的加工效率要高,尽量缩短从收集到进入使用的时间。

5. 经济性原则

经济性原则又称节约性原则,是指市场调研应按照其目的要求,选择恰当的调研方法,争取用较少的费用获取更多的调研资料。毋庸置疑,经济性原则是市场调研必须考虑的一个因素。采用不同的调研方法所花费的调研经费不同;同样,在相同的支出下,不同的调研方案也会产生不同的调研效果。因此,市场调研要在开始之前进行调研项目的成本效益分析,即在调研内容不变的情况下,比较不同的调研方式的费用大小,从中选出既省费用,又能满足调研目的和要求的调研方式及方法,并制订出相应的调研方案。

第六节 市场调研的一般流程

市场调研的过程是指从调研策划到调研结束的全过程及其作业程序。由于调研的市场项目不同,其具体的调研过程和作业程序也不可能完全一致。一般而言,市场调研可分为调研的规划设计阶段、调研实施阶段、分析和报告阶段以及跟踪阶段四个阶段,每个阶段又可分为几个主要的步骤。

1.规划设计阶段

(1)明确调研目的和内容

明确市场调研目的和内容是市场调研流程中一个相当重要的步骤。著名调研专家劳伦斯·D.吉布森(Lawrence D. Gibson)就曾说过这样一句话:"正确定义调研问题将带来巨大的收益——没有其他的问题可以对利润产生如此大的杠杆效应。"

调研目的是整个调研活动的指导思想,调研的一切活动都围绕着目的而展开。确定调研目的之后,就要确定调研所包括的内容和范围。这些调研内容必须满足以下要求:首先,调研切实可行,即能够运用具体的调研方法进行调研;其次,可以在短期内完成,由于调研具有时效性,若调研的时间过长,调研的结果也就失去了意义;最后,能够获得客观的资料,并能解决所提出的问题。

①确定调研项目。即明确市场调研应研究什么问题、达到什么目的。市场调研的项目一般来自生产经营决策的信息需求,为此,应注意了解生产经营活动中出现的新情况、新问题,了解企业管理决策层最需要什么样的信息以满足决策的需要。调研项目的确定既要考虑管理的信息需求,又要考虑获取信息的可行性以及信息的价值,以保证所确定的调研项目具有针对性、可行性和价值性。

对问题清晰、简洁的陈述是市场调研成功的关键,我们可以说"对问题有一个好的定义,就意味着完成了一半的市场调研工作"。确定调研问题中的问题是指要实现决策者或客户的目标时需要哪些具体信息,这些问题需要在市场调研中得到解答,并且最终为决策提供帮助。

在调研之前必须了解企业的背景,包括其产品和市场的基本情况,在这个基础上分析决策者的目标、所处环境和现有资源,再阐明问题的征兆。这些征兆是用于测定目标完成情况的,它们不可能凭空发生,在其背后都有发生的原因。因此,需要进行非正式的情况分析,确定产生问题的可能原因,根据这些原因来列出可能缓解问题的行动。为了判断解决方法是否正确,一般在此之后需要推测每一种行动的预期结果。经过以上的筛选过程,可以选出备选的调研问题,然后通过与决策者或客户的交流得出调研问题。

②把决策问题作为调研问题重新定义。管理决策问题是以行动为中心(行动定位),调研研究问题是以信息为中心(信息定位),因此,应把决策问题作为调研问题来重新定义。例如,某企业决策者的决策问题是,是否应该改变现有的广告形式,那么调研问题就定义为现有广告的效果研究。定义调研问题应遵循的法则:一是能让调研者得到与管理问题有关的全部信息;二是使调研者能着手并继续进行调研问题的研究。

研究者定义调研问题时,容易犯两类错误。第一类错误是调研问题定义得太宽。太宽的定义无法为调研项目设计提供明确的指引路线,如研究品牌的市场营销战略,改善企业的竞争位置等,调研难以操作。第二类错误是调研问题定义得太窄。太窄的定义可能使信息获取不完全,甚至忽略了管理决策信息需求的重要部分。例如,在一项关于某企业耐用品销售问题的调研中,管理决策的问题是如何应对市场占有率持续下滑的态势,而调研者定义的调研问题是价格竞争和广告效果调研。由于调研问题定义得太窄,可能导致诸如市场细分、销售渠道、售后服务等影响市场占有率的重要信息被忽略,而不能有效地满足管理决策的信息需求。为了避免这两类错误的出现,可先用比较宽泛的、一般性的术语来陈述调研问题,然后再具体规定问题的各个组成部分,为进一步的操作提供清晰的路线。

③建立调研项目的约束。调研项目确定之后,为了保证其有效实施,应建立调研项目的约束。一是调研目的约束,即明确调研的具体任务。例如,上述日用品销售问题的调研目的可界定为:"通过市场调研,充分获取影响市场占有率下降的内部信息和外部信息,包括市场细分、营销渠道、广告效果、定价策略、产品品牌、售后服务、需求变化等方面的调查研究,以寻找问题的症结,为提高市场占有率的决策提供可选择的行动方案。"二是时间约束,即获取何时的信息。三是空间约束,即调研对象的范围和地理边界约束。四是调研内容约束,即明确调研的主要内容,规定需要获取的信息项目,或列出主要的调研问题和有关的理论假设。

④调研框架。调研框架能明确指出调研的范围或调研界限,能帮助我们把调研问题变得更加具体和准确。例如,对总人口的调研是只局限于男性还是整个省

的人口？牙膏新产品的调研问题是关于顾客对于新式牙刷的整体还是顾客对于牙刷和牙膏的搭配、牙刷的粗细、牙刷的美观的态度？这些问题都是调研框架的问题，是问题具体化的表现。

（2）调研方案策划

调研方案是对某项调研本身的具体设计，主要包括调研的目的要求、调研的具体对象、调研的内容、调研表格、调研的具体范围、调研资料的收集及整理的方法等内容，它是指导调研工作具体实施的依据。市场调研策划是市场调研的准备阶段，策划是否充分周密，对今后的市场调研和调研质量影响很大。在这个过程中主要运用定性研究和系统规划的方法，对调研的目的和任务、调研对象和调研单位、调研内容与项目、调研表或问卷、调研时间与期限、调研的方式与方法、调研质量的控制、数据处理和分析研究、调研进度安排、调研经费预算、调研的组织安排等做出具体的规定和设计，在此基础上制订市场调研方案或市场调研计划书。

拟订调研计划书的过程通常被称为市场调研策划及其文字化的过程，其中最主要的是调研方式和方法的选择，常用的是非全面调研中的抽样调研方式。在许多实际调研中，调研方案还包括设计调研问卷。调研问卷的内容主要是把调研方案中涉及的调研内容或调研项目具体化，转化为一系列问题，以取得所需信息的资料。

2. 调研实施阶段

调研的实施阶段是着手收集数据的过程。这一阶段是按调研方案策划的内容进行的，是整个调研活动的核心。在调研的实施过程中，应该遵循调研活动的原则并保证调研资料的真实、准确、科学和有效。数据可以由人工收集，也可以由机器收集。收集数据一般有两个过程：前测阶段和主体调研阶段。前测阶段只使用子样本，目的是判断主体调研的数据收集计划是否合适。前测阶段是用一个小规模的样本情况检验调研人员的数据收集形式，以便减少不恰当设计所引起的错误，如问卷设计不恰当等。前测结果还可预测调研结果，如果数据或统计结果不能回答调研人员的问题，那么就必须重新设计调研模式。

市场调研方案得到企业决策层批准之后，则可按照市场调研方案设计的要求，组织调研人员深入调研相关单位，搜集数据和有关资料，包括现成资料和原始资料。其中现成资料的来源包括内部资料和外部资料，原始资料是通过实地调研向调研单位搜集的第一手资料。

在整个市场调研过程中，调研资料的收集是由定性认识过渡到定量认识的起点，是信息获取的阶段，关系到市场调研的质量和成败。为此，必须科学、细致地组织正式调研，严格控制调研过程。

3. 分析和报告阶段

（1）数据处理与分析

市场调研收集的各项数据和有关资料,大多是分散、零星和不系统的,为了反映研究现象总体的数量特征,必须对调研资料进行整理,包括审校与校订、分组与汇总、制表等。小型市场调研一般可采用手工汇总处理;大型市场调研一般采用计算机汇总处理,包括编程、编码、数据录入、逻辑检验、自动汇总、制表打印等工作环节。调研资料的整理是对调研信息的初加工和开发。为此,应按照综合化、系统化和层次化的要求,对调研获得的信息资源进行加工、整理和开发。

对市场调研资料进行分析研究是市场调研出成果的重要环节。它要求运用统计分析方法,如综合指标法、时序分析法、指数分析法、相关与回归分析法、方差分析法、聚类分析法、判别分析法、主成分分析法等,对大量数据和资料进行系统的分析与综合,借以揭示调研对象的情况与问题,掌握事物发展变化的特征与规律性,找出影响市场变化的各种因素,提出切实可行的解决问题的对策。

（2）形成市场调研报告

市场调研报告是根据调研资料和分析研究的结果而编写的书面报告。它是市场调研的最终成果,其目的在于为市场预测和决策提供依据。这是整个过程的关键环节,因为想让结论发挥作用,市场调研人员必须让决策者或客户相信,依据所收集的数据得出的结论是可信的和有意义的。在实际工作中通常管理者会要求调研人员就项目进行书面和口头的报告。

书面报告一般由标题、开头、正文、结尾及附件等要素组成。编写调研报告要注意:观点正确;材料恰当,用数据和事实说话;明确中心,突出重点;结构合理,层次分明;表达中肯,语句通畅等。报告的基本内容有:市场调研的基本情况、调研结论和主要内容、情况与问题、结果与原因、建议或对策等。书面报告可以作为历史文件,用于日后的研阅。因为多数情况下,市场调研需要重复,或者有些调研是建立在以前发现的基础之上的。

在口头报告时,一定要考虑听众的性质。在报告开始时,应清晰、简洁地说明调研目标,然后对采用的调研设计或方法进行全面而简洁的解释。接下来,可以概括性地介绍主要的发现。报告的结尾应提出结论和对管理者的建议。

4. 跟踪阶段

进行市场调研后,重要的是付诸实施。管理者需要决定是否实施所提出的建议,并解释为什么要实施或不实施。

第二章　市场调研方法

第一节　访问调研法

1.访问调研法的含义

访问调研法也称访问法或询问法,是指调研者利用问卷,通过访谈询问的形式,来搜集市场调研资料的一种调研方法。它是市场调研资料搜集最基本、最常用的调研方法,具有应用范围广,可靠程度高,便于资料的编码、统计、分析和解释等特点,主要用于原始资料的搜集。在访问法中,访谈员根据问卷向被访谈者提出问题,通过被访谈者的口头回答或填写调研问卷等形式来收集市场信息资料。

2.访问调研法的分类

按照不同标志,访问调研法可以分为许多类型,主要有以下几种。

(1)按访问形式不同分类

按访问形式不同,访问调研法可分为面谈访问、电话访问、邮寄访问和网络访问等。

(2)按访问方式不同分类

按访问方式不同,访问调研法可分为直接访问和间接访问。直接访问是调研者与被调研者直接进行面谈访问,这种方法可以直接深入到被调研对象中进行访问,也可将被调研者请到一起进行座谈访问。间接访问是通过电话或书面形式间接地向被调研者进行访问,如电话访问、邮寄访问、面谈访问中的问卷调研等。

(3)按访问内容不同分类

按访问内容不同,访问调研法可分为标准化访问和非标准化访问。标准化访问又称结构性访问,是指调研者事先做好调研问卷或调研表,有条不紊地向被调研者访问,主要应用于数据收集和定量研究。非标准化访问又称非结构性访问,是指调研者按粗略的提纲自由地向被调研者访问,主要应用于非数据信息收集和定性研究。

3. 面谈访问

企业在进行市场调研的时候,往往想知道消费者的真实感受和想法,因此很想与他们进行面对面的交谈,以此来把握市场信息。面谈访问法是企业有效地解决这一问题的一种方法。根据选取访问对象的方法的不同、人数的多少、访问过程是否为规范设计,面谈访问在实施过程中常分为人员访问、小组座谈和深度访谈等。

（1）人员访问

人员访问指的是通过调研人员和被调研者之间面对面的交谈,从而获得所需资料的调研方法。根据访问地点的不同又分为入户访问和拦截访问。

①入户访问。入户访问是指根据合理、科学的抽样,调研员到被调研者的家中或工作单位进行访问的调研方式。将自填式问卷交给被调研者,讲明方法后,等对方填写完进行回收。入户访问是一种私下的面对面的访问形式,这种方式灵活方便,是访问法中收集信息的主要方法。但由于近年来社会治安的问题,拒访率很高且当选定的调研样本较多时,进行入户调研所花费的时间较长,这种方法有着明显的缺点。

②街头拦截。街头拦截又称拦截访问,是指在某个场所(一般是较繁华的商业区,如超市、写字楼、车站等)拦截在场的一些人进行面访调研。这种方法常用在商业性的消费者意向调研中。街头拦截最大的优点就是效率高,因为它既具有与入户访问相同的能够直接获得反馈、对复杂问题进行解释等优点,又能够节省入户访问所需要的路费和时间,更容易接近目标顾客,收集资料。但是,面对匆匆赶路的行人或者觉得访问员妨碍了他们正常行程的行人,拒绝访问的概率也相当高。同时,在街上短时间内是没有办法和被调研者进行深度、复杂的交谈的,也不太方便展示必要的图片、声光电类的资料以及产品本身。此种方法最大的缺点就是,无论怎样控制样本及调研的质量,收集的数据都无法证明对总体有很好的代表性。

街头拦截式面访调研通常有两种方式:一种方式是由经过培训的访问员在事先选定的若干个地点,如交通路口、户外广告牌前、商城或购物中心内(外)等,按照一定的程序和要求,选取访问对象,征得其同意后,在现场按照问卷进行简短的面访调研;另一种是中心地调研或厅堂测试,是在事先选定的若干场所内,根据研究的要求,摆放若干供被访者观看或试用的物品,按照一定的程序,在事先选定的若干场所的附近,拦截访问对象,征得其同意后,带到专用的房间或厅堂内进行面访调研。

（2）小组座谈

小组座谈又称焦点座谈,是指采用小型座谈会的形式,挑选出具有代表性的消费者或客户,在一个装有单面镜或录音、录像设备的房间里(在隔壁的房间里可以观察座谈会的进程),在主持人的组织下对于某个专题进行讨论,从而获得对有关问题的深入了解的一种调研方式。进行小组座谈的目的是为了认识和理解人们心中的想法及其产生的原因。调研的关键是使参与者对主题进行充分且详尽的讨论,以便了解他们对一种产品、观念想法或组织的看法,了解调研的实物与他们生活的契合程度,以及在感情上的融合程度。通常,小组座谈主要是为了获取创意,理解顾客的语言,显示顾客对产品和服务的需要、动机、感觉以及心态,帮助理解从定量分析中获得的信息。

①小组座谈的优缺点。小组座谈在实际的应用中有其本身所固有的一些优点和缺点。由于是从属于定性调研的一种特定形式,因而定性调研固有的优缺点在小组座谈上也存在。不过,从方法的特殊性来看,小组座谈还有自身的一些特点。

小组座谈的优点是:能够产生互动,参与者之间的互动作用可以激发新的思考和想法,还可以促进更为有效的信息更加快速地产生。小组座谈的对象有很多,都是企业现有的或潜在的顾客和期望顾客。通过这种方法可以了解顾客的真实想法和特点,从而为企业了解顾客的需要建立沟通的桥梁;在操作上,小组座谈通常比其他方法更容易执行,能够最大限度地获得所需要的信息。

小组座谈的缺点是:访问的样本容量比较小,只能是总体中很小的一部分,难以表现整体的完整特征,容易受误导;小组座谈的一个主要不足在于群体会谈的形式本身,主持人是整个互动过程的一部分,这就决定了其不能有任何的偏见,个人风格的不同也会使结果产生偏差,另外还与受访者本身有关。

②小组座谈的操作流程。在进行小组座谈前,下列问题必须先解决:一次小组座谈要邀请多少人来参加访谈,他们都是什么人,用什么方法来选择这些样本,在哪里进行小组讨论,这些都是十分重要的问题。一般来说,小组座谈的操作流程包括准备工作、确定主持人、编制讨论指南和撰写小组座谈报告等阶段。

第一阶段,准备工作。采用小组座谈形式,参加会议的人员比较多,会议时间有限,做好准备工作对小组座谈最终能否成功起到了关键的作用。具体应注意以下几个方面。

一是确定会议主题,设计详细的调研提纲。会议的主题应简明、集中,且应该是参与者共同了解和关心的问题,这样才能使整个会议始终围绕主题进行讨论,提纲通常要在调研人员、客户与主持人三者之间进行研究。还要注意讨论次序,通常从一般的问题开始,然后再提特定的问题。

二是选择参加人员。小组座谈的人数规模一般为 7 ~ 12 人。参加人数过少,往往不能起到小组讨论的效果;而人数太多,又会显得比较混乱,不能将精力集中在讨论的主题上。但是,值得注意的是,我们事先往往很难预料参加小组讨论的人数。有可能 10 个人同意来参加,实际上只来了 6 个;而通知了 14 个人,预计前来参加会议的只有 8 个的时候,14 个人却都到了现场的情况也常常出现。所以组织者要给参与者适当的激励以保证参与者的积极性,并且通常多约一些人,需要甄别,以备使用。同一主题至少需要两组,3 ~ 4 轮座谈。组织者还应对参与者按指定的准则进行认真的筛选,参与者对要讨论的问题必须有相当的经验或经历。但不应该选择那些曾经多次参加过小组座谈的人。这些所谓的"调研专业户"的参与可能会导致讨论的结果无效。还要避免专业人士或者特殊人士,这是所有调研都应该注意的问题。

三是环境。讨论往往会安排在一个较大的房间,以圆桌形式就座。房间里的主要设备应包括话筒、单向镜和摄像机等。小组座谈会允许对数据的收集进行密切的监视,观察者可以亲自观看座谈的情况并可以将讨论过程录制下来用作后期分析。因为对调研人员来说,小组座谈是一种了解消费者动机的理想方法。

当然,如果座谈会的人员只有 1 ~ 3 人也可以在居室内进行,这样可以更为轻松地进行讨论。有时候为了建立融洽的气氛,还可以准备一些水果和糖果等食品。

第二阶段,确定主持人。拥有合格的受访者和一个优秀的主持人是小组座谈成功的关键因素。焦点小组要求主持人不仅具有熟练的交流技术,而且能够创造和谐的座谈环境。一个放松、非正式的气氛能够鼓励人们自由、本能地发表评论。座谈会的全部进程完全依赖于主持人,主持人需要对座谈会的整个过程进行设计和安排。此外,主持人应该是有经验、有准备,并保持中立的态度。他们必须正确理解研究目的,确保讨论活动始终围绕着研究问题展开。主持人的导言是很重要的,它确立了整个讨论的方向。在整个讨论过程中,主持人应作为"隐形的领导",避免专断与打压,鼓励讨论,促进参与者之间的相互启发,并允许不同意见的存在。

第三阶段,编制讨论指南。编制讨论指南一般采用团队协作法。讨论指南要保证按固定顺序逐一讨论所有突出的话题。讨论指南是一份关于小组座谈所涉及话题的概要。主持人编制的讨论指南一般包括三个阶段:一是建立友好关系、解释小组座谈的规则,并提出讨论的个体。二是由主持人激发进行深入的讨论。三是总结重要的结论,衡量信任和承诺的限度。

第四阶段,撰写小组座谈报告。在小组座谈会结束后,主持人可进一步完善座谈会即时报告;同时,会议记录员通过反复观看座谈会保留的录像带,整理出完整的会议记录。随后,专家组与主持人会共同研究这些资料,包括反复观看录像带、分析即时报告和会议记录。基于这些资料,他们将撰写并形成小组座谈会的最终调研报告。

正式的报告,开头通常解释调研目的,申明所调研的主要问题,描述小组参与者的个人情况,并说明征选参与者的过程。接着,总结调研发现,并提出建议,通常为2~3页的篇幅。如果小组成员的交谈内容经过了精心归类,那么组织报告的主体部分也就相对容易了。先列出第一个主题,然后总结对这一主题的重要观点,最后使用小组成员的真实记录(逐字逐句地记录)进一步阐明这些主要观点。以同样的方式一一总结所有的主题。

③小组座谈的应用及发展趋势。小组座谈可以应用于以下场合:研究消费者对某类产品的认识及偏好,获取消费者对新产品概念的看法;研究广告创意,以获取消费者对具体市场营销计划的初步反应。

由于小组座谈比较容易理解,与针对千人以上大规模受访对象的定性分析相比,这种方法的成本还是可以接受的,也比较容易满足委托人的要求,并能较快地得到结果。因此,在未来很长的一段时间内,小组座谈将被广泛地为市场调研人员所采用。随着通信技术的发展,小组座谈的应用将不断放大,具有很好的发展前景。

第一种趋势是电话焦点小组访谈法。这种技术的产生是因为某种类型的小组受访者,如医生,常常很难征集到。使用这种方法,受访者就不再需要亲自去测试室。第二种趋势是双向焦点小组访谈法。这种方法是让目标小组观察另一个相关小组。第三种趋势是电视会议焦点小组访谈法。第四种趋势是在一些特定的情况使用名义编组会议取代焦点小组访谈法。名义编组会议是焦点小组访谈法的变形,特别适用于制订调研问卷和确定调研范围。名义编组会议是根据目标消费者认为的重点问题进行研究,而不是让受访者讨论调研者所认为的重点。第五种趋势是组织儿童焦点小组访谈。由儿童组成的焦点小组与由成人组成的有很大的不同,原因在于,儿童比成年人更爱怀疑,儿童更为真诚,是不拘束的。

(3)深度访谈

在市场调研中,常常需要对某个专题进行全面深入的了解,同时希望通过访问和交谈发现一些重要情况。要达到这个目的,仅靠一般的面谈访问或者小组座谈是不能达到的。此时就需要采用深度访谈法。深度访谈法是市场调研中最常使用的一种定性调研方法,是指调研者对被调研者的一种无结构的、直接的、个人的访问。在访问过程中,一个技巧熟练的访问员应经过试探和引导方面的严格培训,通过深入地访谈一个被访者,来揭示某问题的潜在动机、信念、态度和感情。比较常用的技术有阶梯前进、隐蔽问题寻探和象征性分析等,适合做探索性调研。深度访谈包括普通消费者深访、专家深访和渠道深访等多种形式。

①深度访谈的优缺点。相对于小组座谈来说,深度访谈具有许多优点。首先,这种访谈方式能够减少被访者的群体压力,从而使每个被访者都能够提供更真实

的信息。其次,深度访谈的一对一交流方式使被访者感到自己是注意的焦点,更容易与访问者进行感情上的交流与互动。此外,由于一对一的交流时间比较长,调研人员可以鼓励被访者提供更为详尽、新颖的信息,从而可以更深入地揭示表面陈述下的感受和动机。再者,由于不需要维持群体秩序,所以深度访谈的灵活性更高。在某些情况下,深度访谈是获取信息的唯一方法。如竞争者之间的调研和有利益冲突的群体之间的调研等。但是,对于小组座谈来说,深度访谈也存在一些明显的缺点。最主要的问题在于其成本相对较高,由于访谈时间较长,所以调研速度较慢。此外,由于深度访谈需要与被访者建立深入的信任和联系,被拒绝的概率也相对较高。

②深度访谈的操作流程。一般来说,深度访谈的操作流程包括访谈前的准备工作、访谈过程中的技巧和访谈的结束阶段。

第一阶段,访谈前的准备工作。具体包含以下几个方面。

一是明确访谈主题。调研人员在访谈之前,必须对访谈的主题有清楚的了解,才能做到有的放矢,确保能够获得所需要的信息资料。

二是选择合适的访谈对象。访谈对象必须是与调研项目相关的人士,必须对所研究问题的领域有比较多的经验或了解,而且是比较健谈的人,与他们进行交谈能获得必要的信息。

三是工具准备。常用的工具如摄像机、录音机(或录音笔)、纸和笔及图片资料等。此外,还要准备给被访问者的礼品或礼金等。

第二阶段,访谈过程中的技巧。具体包含以下几个方面。

一是在开始访谈之前,应先使被访者完全放松下来,并和被访者建立融洽的关系。调研人员所提出的第一个问题应该是简单且一般性的,同时要注意提问技巧。这样才能够引起被访者的兴趣,并鼓励他们充分地谈论自身的感受和意见。一旦被访者开始畅谈,调研人员应当避免打断,并做一个被动的、专注的倾听者。为了掌握访谈的主题,有些问题可以直截了当地提出来。同时,调研人员提出的问题必须是开放式的,不可有任何提示或者暗示。

二是调研人员的访谈技巧很重要,绝不可把深度访谈变成调研人员和被访者之间一问一答的访问过程。调研人员通常会在开始访谈前准备好一份大纲,列举所要询问的事项,但并不使用问卷,也不一定完全按照大纲上所列的顺序一项一项地问下去,问题的先后顺序完全按照访谈的实际情况随机应变。

三是在访问过程中,调研人员通常只讲很少的话,尽量不问太多的问题,只是间歇性地提出一些适当的问题,或表示一些适当的意见,以鼓励被访者多说话,逐渐露出他们内心深处的动机。

四是调研人员要善于运用"沉默"的技巧。沉默可以使被访者有时间去组织自己的思想,也可以使被访者感觉不舒服,或者心里认为调研人员在等待自己继续说下去。因此,适当的沉默会促使被访者更加畅所欲言。

五是运用回忆行为过程技巧。人的记忆有一定的时效性,超过一定的时间便会逐渐遗忘。当人们购买某种商品时,对于为何选择该种商品,人们的动机意识经过一段时间后便会逐渐淡忘。对该商品所感受到的以及使用该商品时所意识到的一切,也会慢慢忘记。为了帮助被访者唤起这些意识,最好引导他们回忆购买商品时的决策过程,或者重新把当时购买该商品的感受以及如何行动,做一个详细的说明,从这种说明当中,发现购买动机。

六是深度访谈的地点。最好在被访者家中进行,这样对被访者比较方便。无论在何处实施,深度访谈都应该是单独的,不应有第三者在场。因为有第三者在场,会使被访者感到不自然,有种被窥探隐私的感觉,往往不愿意提供真实的答案。

七是深度访谈的时间通常为 1～2 个小时,很少超过 2 个小时。

第三阶段,访谈的结束阶段。访谈的结束阶段是整个过程中的最后一个环节,这个环节也非常重要,不能忽视。

一是在访谈结束时,调研人员应迅速回顾一下访谈结果,或者迅速检查访谈问题,以免遗漏重要项目。

二是访谈结束时,应再次征询一下被访者的意见,了解他们还有什么想法和要求等,以获得更多的情况或信息。

三是要真诚感谢被访者对本次调研工作的支持。若在开始的时候许诺有礼品赠送,那么在访谈结束时必须将礼品赠送给被访者。如果是追踪调研还应争取与被调研者进一步合作。

③深度访谈的具体应用。深度访谈主要用于获取对问题的理解的探索性研究,常用于以下几种情形。

一是试图详细地探究被调研者的想法,如对消费者行为及原因的调研,购买私家车问题的看法等。

二是详细地了解一些复杂行为,如对员工跳槽等。

三是讨论一些保密的、敏感的话题,如个人收入、婚姻状况等。

四是访问竞争对手或专业人员,如对出版商出书选题及营销手段的调研等。

4. 电话访问

电话访问至今已有近百年的历史,在 20 世纪 90 年代是最流行的一种市场调研技术方法。电话访问调研是指调研者通过电话与被调研者进行交谈获取信息的一种方式。电话访问本身具有省时、省力、简单易行等优势，所以这种方法受到业内人士的重视和普遍使用。

（1）电话访问的方式

电话访问一般有两种方式，即传统的电话访问和计算机辅助电话访问。

①传统的电话访问。传统的电话访问是选取一个被调研者的样本，然后拨通电话，在询问问题的同时访问员用一份问卷和一张答案纸把访问过程中所需的信息用笔随时记录下答案的调研方法。这种方法的收费标准一般都较低，工作流程较为简单，便于管理，但是一般仅限于在当地实施，还要求访问人员口齿清楚、伶俐，善于言词沟通。

②计算机辅助电话访问。计算机辅助电话访问（computer-assisted telephone interviewing，CATI）是一种使用计算机程序辅助完成电话访问调查的方法。在CATI系统中，调查员使用计算机软件在电话调查过程中记录和处理调查数据。CATI系统通常使用预先制作的问卷模板，调查员通过计算机屏幕上的界面指导进行电话访问。问卷模板可以包含各种类型的问题，如多项选择题、开放性问题和评分题等。通过CATI系统，调查员可以方便地跟踪和记录受访者的回答，避免了手动记录和整理数据的麻烦。系统还可以自动校验和验证数据的有效性，确保数据的准确性。CATI系统还提供了一些额外的功能，如随机抽样、自动化拨号和时间管理等，使整个调查过程更加高效和精确。

（2）电话访问的优缺点

电话访问是因为利用电话代替了登门拜访，所以收集信息的费用较低，节约了时间和金钱，访问速度很快，这是其最大的特点。另外，采用这种方式进行调研的时候交谈比较自由，能够畅所欲言，获得的信息较多，而且调研人员的外表、穿着、表情等都不会影响被调研者，所产生的偏差较少。

然而，电话访问法同样也存在着很多不足。首先，由于电话沟通的时间限制，往往难以进行深入的访问或提出开放式问题，难以全面捕捉受访者的真实想法。其次，无法同时展示实体产品，使得受访者对于产品的直观感受受到限制。更为关键的是，电话沟通的形式使得判断受访者回答真伪的难度增加，难以确保调研结果的准确性。此外，仅凭电话沟通，无法直接观察访问人员的形象，容易引发受访者的不信任感，导致拒绝访问的情况时有发生。

（3）电话访问法应注意的问题

尽管电话访问法存在着诸多缺陷，但是对那些题目较少、内容较为简单、需及时得到调研结果的调研项目来说，还是一种比较理想的方法。但是在使用的过程中，要注意以下几点。

一是过滤被调研者。在实际调研中,调研员必须针对接听电话的人进行过滤,检验是否符合所要调研对象的条件。条件不符就没有理由继续访问。

二是问卷题目不宜过长。问卷每页以800字计,最多不超过3页。如以题目数计,以不超过20题为宜。如果问卷内容简单、活泼,问卷题数可以适当增加,但不宜超过30题。

三是每个题目的选项以不超过4个为原则。一般不超过4个选项的选择题才适合电话访问法,而且题目内容必须容易回答,最好采用"两项法问题"。两项法问题是指在问卷调查或电话访问中,提供给受访者的选择题的选项数量为两项。

四是每次访问的时间不宜太长,最好在10 min以内完成,通常为15 min,最多不要超过20 min。

五是在预约时间主动打电话给受访问者。如果遇到对方不方便交谈时,应礼貌地再预约时间。

六是在进行电话访问时,要讲究访问技巧,一般应耐心地等待对方把话讲完,不应插话或打断对方。

5. 邮寄访问

邮寄访问就是将事先设计好的调研问卷,通过邮局寄给选定好的被调研者,由被调研者根据要求填写后再寄回给调研机构。这种方法是市场调研中一种比较特殊的调研方法。

邮寄访问法具有费用低、范围广、回收率低、真实性差等优缺点,具体详见第一章。一般来说,在调研的实效性要求不高,调研对象的名单地址比较清楚,调研经费比较紧缺,而调研的内容又比较多、比较敏感的情况下,采用邮寄访问是比较合适的。其涉及的内容范围可以是有关消费、购物习惯、接触媒介的习惯等比较具体的日常方面,也可以是有关消费观念、生活形态、意识、看法、满意度或态度等比较抽象的方面。

6. 网络访问

网络访问也叫网上访问,是指利用互联网和各种网络平台了解和掌握市场信息的方式。网络访问是当今比较热门的一种调研方式,也是未来的趋势所在。具体特点详见第一章。按照调研者组织调研样本的行为,网络调研可以分为主动调研法和被动调研法;按网络调研采用的技术可以分为站点法、电子邮件法和视讯会议法等。

（1）主动调研法

主动调研法是指调研者主动发起调研行为,通过直接接触被调研对象来获取信息。在网络调研中,主动调研法包括以下几种形式。

①在线问卷调查。调研者通过发布在线问卷链接或通过电子邮件发送问卷链接,让受访者主动填写调查问卷。这种方法可以快速收集大量的数据,并且可以方便地分析和统计结果。

②个人面访。调研者通过网络平台与受访者进行面对面的视频调研,或通过网络电话与受访者进行电话调研。这种方法可以更深入地了解受访者的想法和意见,并可以及时解答受访者的疑问。

（2）被动调研法

被动调研法是指调研者通过观察和收集已有的数据来获取信息。在网络调研中,被动调研法包括以下几种形式。

①网络观察。调研者通过观察网络上的讨论、评论和其他信息来了解受访者的观点和态度。这种方法可以得到受访者的真实反馈,但是可能存在信息不全面或者信息有偏差的问题。

②数据分析。调研者通过分析已有的数据来推断受访者的行为和意见。这包括利用大数据分析、文本挖掘等技术,从受访者的网络行为中获取有用的信息。

（3）站点法

调研者通过在特定的网站或社交媒体平台创建调研页面或发布调研链接,来获取受访者的回答。这种方法适用于需要针对特定群体进行调研的情况。

（4）电子邮件法

调研者通过电子邮件向特定的受访者发送调研问卷。这种方法可以准确地发送问卷给目标受访者,并可以通过邮件进行跟进和提醒。

（5）视讯会议法

调研者通过在线视频会议工具,如 Zoom、微信会议等,与受访者进行实时调研。这种方法可以实现面对面的交流和互动,更深入地了解受访者的想法和意见。

第二节　观察调研法

1. 观察调研法的含义及特征

（1）观察调研法的含义

观察调研法是指调研者在现场对被调研者的情况直接观察、记录,以取得市场信息资料的调研方法,主要是依靠调研人员在现场直接观看、跟踪和记录,或是借助某些摄录设备和仪器来考察、跟踪和记录被调研者的活动和现场事实,来获取市场相关信息。如在消费者需求调研中,可以通过对消费者购物时对商品品种、规格、花色、包装和价格等的要求进行观察,从而了解消费者的需求情况。

观察调研法的具体做法有:调研人员到现场利用人体的感官器官直接观察被调研对象的直接观察法;利用各种仪器对被调研对象的行为进行测录的行为记录法;通过一定途径,观察事物发生后的痕迹,收集有关信息的痕迹观察法等。例如,某袜厂生产的袜子每10双一包,采用3∶3∶2∶2的比例配装四种颜色,但这种比例在许多地区并不适销。为了了解各地消费者对袜子颜色的偏好,该厂运用观察法进行调研,派调研人员在主要街道上观察行人着袜颜色,并做好记录,按照记录所得比例,调整了每包袜子的颜色配比,扩大了销量。这就是典型的直接观察法。又如,有一家玩具厂,为了选择畅销的玩具娃娃品种,先设计出10种玩具娃娃,放在一间屋子里,请儿童来做选择。每次进入一个儿童,让他在无拘无束的气氛下选择娃娃。这一切都是在不受他人干涉的情况下进行的,通过录像进行观察记录,如此经过对上百个儿童做调研,可以选出生产何种式样的玩具娃娃。这就是典型的行为记录法。

(2)观察调研法的特征

在日常生活中,我们经常在观察。不过,观察调研法不同于我们日常所说的观察,它是一种科学观察。与日常观察相比,科学观察有下面几个特点:第一,有明确的目的;第二,有事前计划;第三,对观察结果进行详细记录;第四,有意识地控制误差。

使用观察法进行观察时,一般需要观察的事物满足下列条件。

一是调研的事物必须具有易于观察的特性。像人的动机、态度和其他心理特征就无法观察,只能通过观察到的行为进行推断,而推断有时是不可靠的。

二是要观察的特性必须既是重复的,又是经常出现或可以预见的。虽然观察那些不经常出现或不能预见的特性并非绝无可能,但是在市场调研中如果等待观察的时间太长,将会产生高额的观察费用。

三是要观察的特性不能持续时间太长。如果持续时间太长,例如发生在几天,甚至几周内的行为模式,虽然可以观察,但由于时间成本和人工成本等过高,会使观察失去意义。

因此,观察调研法可用于描述各种行为,但不能观测某些感知现象,如态度、动机和偏好等。而且,观察调研法无法解释行为的发生原因,或下一步要采取的行动。

2. 观察调研法的分类

在实际使用观察法来进行某项市场调研的时候,可以根据调研的要求及成本等限制条件选择合适的观察法。从不同角度观察法可分为以下几种类型。

（1）按观察者是否参与被观察对象的活动划分

按观察者是否参与被观察对象的活动,可分为完全参与观察、不完全参与观察和非参与观察。

①完全参与观察。完全参与观察是指观察者长期地生活在被观察者之中,开展调研活动时,甚至改变自己原有的身份。例如,一商场中的企业信息员为了获得与该企业产品有关的信息,常年以销售员的身份在商场里从事销售工作,观察顾客购买该企业产品的情况。这种方法在实施过程中,观察员要避免身份暴露而引起被观察者的紧张,导致信息传递量的减少和失真。也要避免长期与被观察者接触而被影响和同化,从而失去了客观的立场,使调研结果带有偏见。

②不完全参与观察。不完全参与观察是指观察者不改变身份,而是以半"客"半"主"的身份参与到被观察人群之中,并通过这个群体的正常活动进行观察。在这种调研中,被观察者往往会由于维护自身或他人的利益、形象等而掩盖一些材料信息,使调研结果不全面,失去真实性。

③非参与观察。非参与观察是指观察者不参与调研活动,而是以局外人的身份去观察事件发生和发展的情况。这种观察比较客观、公正,但无法了解事情背后深层次的原因,观察到的往往是表面现象。因此,也不能获得全面、细致的资料。

（2）按观察结果的标准化程度划分

按观察结果的标准化程度不同,可分为控制观察和无控制观察。

①控制观察。控制观察是指在观察调研中根据调研目的预先确定调研范围,以统一的观察手段、程度和技术进行有计划的系统观察,使观察结果达到标准化。控制观察一般用于目的性和系统性较强的调研,或简单观察后,为使调研更加精确而进行的补充调研或取证。此方法在实施的时候,必须拟订观察提纲,确定观察的总体范围、观察的具体对象及项目,并制作观察表或观察卡片。

②无控制观察。无控制观察是指对观察的目的、程序和步骤等不做严密的规定,也不用标准方法进行记录,比较灵活,可以获得意想不到的宝贵资料。无控制观察常用于探索性调研或有深度的专题调研。

（3）按取得资料的时间特征划分

按取得资料的时间特征不同,可分为纵向观察和横向观察。

①纵向观察。纵向观察是指在一定时间内,就不同的时间观察同一现象或事物,进行一连串的记录,并保持时序性,能了解调研对象发展变化的过程和规律。例如,在某新产品上市后,训练有素的调研员在超市里观察有多少人走过售货架、有多少人停下来,并观察他们在选择、购买或重新放回该产品时的表情、动作等情

况。这种调研方法要求观察活动应该有一定的规律,并选择具有代表性的观察时间范围。

②横向观察。横向观察是指在某一特定时间内观察若干同类现象或事物的状况,取得横断面的记录,做分析研究,能够扩大调研的范围。例如,上述新产品上市后,同时在若干个超市里观察这种产品的销售情况。

另外,市场中常常使用的是纵横结合观察,也就是为保证观察结果更准确,在有时间和精力的情况下,可以将纵横观察两种形式结合使用。这样可以获得更可靠的调研资料。

(4)按观察地点和组织条件划分

按观察地点和组织条件不同,可分为自然观察和实验观察。

①自然观察。自然观察是指调研员在一个自然环境中(包括超市、展示地点服务中心等)观察被调研对象的行为和举止。这种方法不需要专门对观察场所和对象进行控制,而是直接到现实生活中对观察对象进行观察。一般是非结构式观察,适用于定性类型的调研。

②实验观察。实验观察是指在有各种观察设施的实验室或经过一定布置的活动室、会议室等场所内,对研究对象进行观察的方法。这种方法常常用于了解人们某些具体的、细微的行为特征。在实施该方法的时候,最关键的问题是不能让被观察对象知道自己被人监视了,否则会影响调研的真实性。

(5)按观察的具体形式划分

按观察的具体形式不同,可分为人员观察、机器观察和实际痕迹观察。

①人员观察。人员观察是指调研机构派遣调研员到现场进行观察,以了解情况。例如,上述新产品上市后,企业可以派调研员到商场超市、专卖店、展销会等现场,亲自观察和记录顾客的购买情况、积极程度以及产品的性能和样式等。人员观察可以再细分为销售现场观察、使用现场观察和供应商现场观察。

②机器观察。机器观察是指利用各种观察设备和器材对特定观察目标进行观察。机器观察可能比人工观察更便宜、更客观、更详细。例如,某商场要选址扩店,就可以采用这种方法估算某地的客流量以及可能达到的预期利润。

③实际痕迹观察。实际痕迹观察是指调研员通过一定途径了解被调研者的行为痕迹,而非直接观察他们的行为。例如,某汽车公司想要在电台做广告,但是不知选择哪个频道的节目投放。于是,该公司派遣调研员到城市各大中型汽车维修站进行观察,查看前来清洗维修的汽车的车载收音机最后一个频道是哪个,然后在该频道播放广告。

3. 观察调研法的优缺点

（1）观察调研法的优点

与其他调研方法相比较，观察调研法的优点可以归纳为以下几个方面。

①观察资料的可靠程度高。观察调研法最突出的优点是，可以实地观察市场现象的发生情况，能够获得直接的、具体的、生动的市场信息。对于市场现象的实际过程、当时的环境和气氛都可以了解，这是其他任何调研方法都不可比拟的。由于观察的直接性，所得到的资料一般都具有较高的可靠性。

②观察调研法的适用性强。观察调研法对各种市场现象具有广泛的适用性。观察调研法基本上是以观察者为主，而不像其他调研方法，要求被调研者具有配合调研的相应能力，如语言表达能力或文字表达能力，这就大大提高了观察调研法的适用性。

③观察调研法简便易行，灵活性较大。在观察过程中，观察人员可多可少，观察时间可长可短，只要在市场现象发生的现场，就能比较准确地观察到现象的表现。参与性观察可以深入了解市场现象在不同条件下的具体表现，非参与性观察则可以在不为人知的情况下，做灵活的观察。

（2）观察调研法的局限性

观察调研法的局限性主要表现在以下几个方面。

①受到时空限制。观察调研法必须在市场现象发生的现场进行观察。从空间上看，它只能观察某些点的情况，而难以做到宏观的全面观察。尤其对于一些带有较大偶然性的市场现象，往往难以准确把握其发生的时间和地点，或者无法及时到达现场进行观察。从时间上看，它只能观察当时发生的情况，对市场现象过去的和未来的情况都无法进行观察。

②并不是任何市场现象都可以用观察调研法取得资料。有些市场现象更适合通过口头或书面形式收集资料，如消费者的消费观念、对某些市场问题的观点和意见等。

4. 观察调研法的应用

观察法运用在市场经济条件下，既可以观察消费者的行为，又可以通过观察了解市场运行情况，包括营业状况、商品销售情况等，因而它对于市场选择、经营决策等起到重要作用。归纳起来，主要有以下几个方面。

①在城市集贸市场调研中，可以观察集贸市场上农副产品的上市量、成交量和成交价格等情况。

②在商品库存调研中，对库存商品直接盘点计数，并观察库存商品残次情况，

通过对库存场所的观察以及商品进出口种类频率的记录,可以了解商品的分类结构、储存条件、储存成本和残次商品的处理情况,为确定合理的库存结构提供依据。

③在消费者需求调研中,可以观察消费者购物时对于商品品种、规格牌号、花色、包装和价格等的要求。

④在商场经营环境调研中,可以观察商品陈列橱窗所临街道的车流量和客流量情况,以此来了解并分析企业的管理水平、商品供求状况和成交情况,从而可以提出相应的改进建议;分析市场发展前景,可以为预测市场潜力提供重要依据。此外,观察法还可用于产品质量调研、广告调研等领域。将观察法与面谈法相结合,既能得到被观察者的想法,又能看到其实际行为。

第三节　实验调研法

1. 实验调研法的含义及特征

（1）实验调研法的含义

实验调研法是指调研人员从影响调研对象的诸多因素中,有目的地选出一个或几个因素,在其他情况不变的条件下,改变所选因素来观察市场调研对象的变动情况,从而确定其存在的因果关系,以了解市场现象的本质特征和发展规律。简单地用数学方法来说,就是改变自变量 X,观察因变量 Y 的变动情况,从而确定两者之间的相关关系。实验调研法的最大特点就是把调研对象置于非自然状态下开展市场调研。实验调研法的核心问题是将实验变量（自变量和因变量）从诸多因素的作用中分离出来并给予鉴定。实验调研法的目的是研明实验对象的因果关系。

实验调研法在市场调研中的应用范围比较广泛。一种产品进入市场,或改变包装、设计、价格、广告、陈列方法、推销方法等因素时,均可先做个小规模的实验,然后再决定是否需要大规模的推广。例如,包装对产品销量的影响,广告对品牌态度、品牌偏好的影响等。

（2）实验调研法的特征

实验调研法又称因果性调研。在实验调研法中,实验者控制一个或多个自变量（如价格、包装、广告等）,研究在其他因素（如质量、服务、销售环境等）都不变或相同的情况下,这些自变量对因变量（如销售量）的影响或效果。

调研人员进行实验调研的目标是,确定实验处理是否是导致正在被度量的结果的原因。如果一个新的营销战略（如新的广告）正被运用于试销市场,而该市场的销售量也得到了提高,但是其他没有运用新战略的市场的销售量并没有增长,那么实验人员就可以很有把握地认为,是新战略促进了销售量的增长。

实验调研法与其他调研方法的不同之处在于对调研环境的控制程度。在一个实验中,一个变量(自变量)是受到操纵的,它对其他变量(因变量)的影响要受到度量,而其他所有可能会使这种关系变得复杂的变量都被清除或者是受到控制。为达到上述要求,实验人员可以选择创造一个人为的实验环境,或者选择一个精心操纵的真实生活环境。

在市场实验中,如果其他未控制的因素果真保持不变,那么实验结果应该和自然科学实验一样准确,但是市场上未能控制而又可能在实验期间有所变动的外来因素太多,影响复杂。为此,应该充分做好实验设计,考虑尽可能地减少实验误差,正式的市场实验数据应该通过统计分析的方法进行检验。

2. 实验调研法的分类

实验调研法按照实验的场所可分为实验室实验和现场实验。

(1)实验室实验

实验室实验是指在人为控制的环境中进行实验,研究人员可以进行严格的实验控制,它比较容易操作,时间短,费用低。如模拟设计一个营销实验室,来研究消费者购买行为与广告之间的关系。

(2)现场实验

现场实验是指在实际营销环境中进行实验,如选择几家商店做实验,研究商品价格变动对商品销售量的影响,其实验结果一般具有较大的实际应用价值,许多营销实验都属于现场实验。

3. 实验调研法的优缺点

(1)实验调研法的优点

①该方法比较科学,能客观反映实际情况,揭示或确立市场现象之间的因果关系。

由于实验调研可以使所要观察的社会行为和现象从纷繁复杂的现象中隔离出来,在人为的条件下,主动引起所要研究的社会行为或现象,使其发展变化过程以较纯粹的形式出现,不受调研人员偏见的影响,因而我们不仅能够发现有关现象间的相关关系,而且还可以提示现象之间的因果关系,这是实验调研的重要目的。

这一点,在访问调研法和观察调研法中都是不易做到的。实验调研法是说明因果关系的较好方法。因果关系的证明需满足三个条件,即存在相关关系(有时被称为共生变量),发生事件存在适当的时间顺序,以及排除其他可能的原因。

例如,研究广告对销售的影响,在其他因素不变的情况下,销售量增加就可以看成完全是广告因素的影响造成的。当然市场情况受多种因素影响,在市场实验期间,消费者的偏好、竞争对手的策略,都可能有所改变,从而影响实验的结果。

②由于实验法是在一定的小规模环境中进行的试验,所以在管理上能较好地控制。我们可以主动改变某些变量,从而观察各种因素之间的相互关系,这是其他调研方法无法做到的。

(2)实验调研法的局限性

①时间长,费用高。实验可能很费时间,特别是当调研者要测量自变量的长期效果时,例如要研究广告效果时,实验应持续足够的时间,使得事后测量能将自变量的大多数效应都包括进去。

实验的费用通常是巨大的。特别是当要求实验组、控制组和多重测量都考虑时,费用又会大大地提高。还有一种情况实际上也增加了费用,这是由于研究时间过长造成管理决策滞后所造成的损失。

②难以选择具有充分代表性的实验市场。由于实验对象不能过多,因而实验环境和实验对象的选择,难以具有充分的代表性,影响市场需求的多种可变因素不易掌握。因此,任何实验调研的结论,都具有较多的特殊性,不易相互比较,从而限制了它的应用范围。如果将实验结果盲目推广,易犯以偏概全的错误。它主要适用于样本数较少的研究课题。

③只能对当前的情况进行分析。我们无法收集对过去和将来的意见与看法。这种方法在我国一般只限于新产品的试销、展销和试用等,还缺乏系统的研究和发展。有些社会现象不允许使用实验法去调研,比如各种犯罪行为就不能采用实验法进行调研。

4. 实验调研法的应用

实验法是从自然科学的实验室实验法中借鉴而来的。实验法与观察法均属于记录性调研。实验法并不常用,在市场调研中主要用于市场销售实验。它一般用于一项推销方法的小规模实验或新产品在小范围试用,然后再用市场调研方法分析这种实验性的推销方法或产品是否值得大规模推行。

实验调研法的应用范围很广,无论是工业品、消费品,还是企业试制新产品,或者老产品改变质量、包装设计、价格、广告、陈列方法等因素时,均可以通过实验调研法,先做一小规模的实验性改变,以调研顾客反应、了解市场对商品的评价和商品对市场的适应性。实验法虽然在一般的民意调研中应用甚少,但是对于涉及行为和态度的调研,特别是商业性市场调研中还是很有应用价值的。实验的方法最适用于探索性的研究。

采用实验法的调研项目,多用于调研市场营销策略、销售方法、广告效果,以及各种因素(如产品设计、价格、包装等)的变动对销售的影响。

①商品价格实验。即将新定价的产品或重新定价的产品投放市场,对顾客的态度和反应进行测试,以了解顾客对这种价格能否接受和接受程度。

②商品质量、品种、规格、花色、款式、包装等实验。通过该项实验调研,可以了解该产品在上述方面是否受顾客欢迎,以及哪些档次品种、花色更受欢迎,哪些不受欢迎,哪些顾客(不同年龄、性别、职业等)欢迎,哪些顾客不欢迎。例如,某企业测试其产品的颜色是否要变更,可在甲地以传统颜色出售,在乙地和丙地以不同颜色出售,假定其他因素不变,那么在一定时间内通过市场销售情况,可以调研出购买者对不同颜色的需求。

③市场饱和程度实验。当某类产品出现滞销时,为了研明市场需求是否饱和,就需要进行市场饱和程度实验。例如,某地区微波炉市场不景气,现生产某种多功能的微波炉投放市场,价格比同类产品稍高,测试结果发现这种微波炉吸引了大批顾客购买,说明该地区微波炉市场仍有一定的潜力。

④广告效果实验。即将某种产品广告前和广告后的销售情况进行比较,以反映广告对产品销售的影响程度。

第四节 网络调研法

1. 网络调研法的含义及特征

网络调研法又称网上调研或网络调研,是指充分利用网络的特殊功能和信息传递与交换的技术优势,将企业需要的市场相关信息通过网络收集、处理和分析,以获得有价值的数据和资料的一种调研方法。

这类调研的主要研究目的与一般的市场调研和民意调研原则上并没有什么不同,所不同的只是利用计算机网络为传播手段,代替传统的面对面访问、电话访问或者邮寄访问的手段,来研究消费者的一般行为或研究特定群体的行为。

网络调研在20世纪90年代开始成为热门。随着网络技术的发展和计算机应用技术的普及,网民数量的快速增长为网上调研的可行性提供了基础,并且越来越受到重视和应用。进入21世纪以来,我国计算机辅助电话调研的快速发展,伴随电话普及率的提高和电话调研软硬件技术的发展而兴起。一些国际上从事网络调研及其相关技术研究的公司在2003年前后开始进入我国,国内一些有规模的公司也开始了网络调研业务。尽管我国的市场调研总体水平低于发达国家,但是利用

互联网快速发展的机会,尽快缩小我国与发达国家在市场调研技术和方法方面的差距是完全有可能的。

2. 网络调研法的优缺点

(1)网络调研的优点

与传统调研方式相比,网络调研在组织实施、信息采集、信息处理、调研效果等方面具有明显的优势。与传统市场调研相比,网络调研具有以下优点。

①简单性。网络调研主旨简单且成本低廉。网络调研不需要派出调研人员,不受天气和距离的限制,不需要印刷调研问卷,调研过程中最繁重、最关键的信息录入分布到众多网络用户的终端上进行,信息检验和处理由计算机自动完成。

②快速性。若采取电子邮件等形式,一份问卷在几秒钟之内就可到达调研对象手中,调研对象可在离线情况下阅读并回答,最后上线提交答案。如果答复及时,答卷将在非常短的时间内回收;若采取网页形式,一份调研问卷通常会在两三天内收到大量的反馈。此外,在数据汇总整理上也有速度快的优势。

③广泛性。一方面,网络调研可借助网络优点,联系多家网站联合调研,扩大覆盖面和影响力;另一方面,随着网络技术的迅猛发展,网络用户正以前所未有的速度在增长,而且调研对象不受时间和地域的限制,有很大的便利性。

④客观性。在网络调研方式下,提供信息的被访者有选择的权利,都是自愿地主动答复,克服了传统调研方式下的被动回答,所以调研资料会更客观、更真实。

(2)网络调研的缺点

①样本选取缺乏代表性。显而易见,网络调研只能在互联网的用户中进行,问卷通常发布在网站上,受网站的访问人数及网民结构的影响,调研对象往往不具有代表性。

②调研结果缺乏准确性。与传统的调研方法相比,网络调研对象与调研人员无法直接沟通,很容易出现拒答现象,而且问卷的回答可能差别很大。

3. 网络调研法的常用方法

与传统的调研类似,网络调研也可以分为定量方法与定性方法两大类。虽然现在越来越多的研究者倾向于采用定量研究与定性研究相结合的方法,但为了陈述上的便利,此处我们还是将定量调研与定性调研区分开来介绍。

(1)网络定量调研方法

利用互联网技术进行的定量调研主要有网站/网页调研、电子邮件调研、弹出式调研和网上固定样本调研四种收集数据的方法。

①网站/网页调研。网站/网页调研是将设计好的问卷放在网站的某个网页上,问卷一般都设计得比较吸引人,而且易于回答。网民可以根据自己的情况,决定是否参与调研。方法一般是给调研对象发送一份 E-mail,解释该调研的性质并邀请他们参加。邮件中包含调研问卷的超级链接,只要点击该链接,浏览器就会自动打开并显示问卷的第一页。调研的结果自动进入数据库,便于快速处理。

②电子邮件调研。电子邮件调研是将问卷直接发送到被访者的私人电子邮件信箱中,引起被访者的注意和兴趣,主动地填答并发送回复问卷。这种方式的调研需要实现收集目标群体的电子邮件信箱地址作为抽样框。

③弹出式调研。当网民在访问网站的过程中,可能会碰到弹出来的一个窗口,邀请网民参与一项调研,如果网民有兴趣参与,点击该窗口中的"是",则会出现有一份问卷的新窗口,完成网上问卷后即可以在线提交。网站安装有抽取被访者(在线网民)的软件,可按照一定的方法（如等距、随机或一定比例）自动地抽取被访者。

④网上固定样本调研是一种通过在互联网上收集特定群体的意见、看法和反馈来获取数据的方法。研究者在进行这种调研时会选择一组固定的样本群体,通过向他们发送问卷、进行在线访谈或其他类似方式获取信息。这种方法通常用于了解特定群体的意见、市场趋势、产品偏好等。网上固定样本调研的优势包括成本低、快速、便捷,但也存在着样本偏倚、样本失真等问题。

（2）网络定性调研方法

网络定性调研方法是一种利用互联网及相关技术工具进行数据收集和分析的方法,用于获取人们主观看法、经验和观点等质性信息。它通常适用于对个人态度、意见、感受、行为等深入了解的研究,可以用于许多领域,比如市场调研、社会科学研究等。

以下是几种常见的网络定性调研方法。

①在线访谈。通过一对一的在线视频或文字交流方式,与受访者进行深入访谈。这种方法可以提供详细的信息,同时能够实时交流和互动。

②网络观察。通过观察社交媒体、网络论坛、博客、漫画等在线平台上的互动和讨论,了解人们的观点和行为。这种方法可以帮助研究人员快速获取大量的观点和见解。

③在线焦点小组讨论。类似于传统的焦点小组讨论,但是在在线平台上进行的。研究人员组织一组受访者进行集体讨论,以了解他们的意见、观点和经验。这种方法可以促进参与者之间的互动和交流。

④网络日志和故事收集。通过让受访者编写网络日志或分享个人故事的方

式,了解他们的经验、感受和观点。这种方法可以帮助研究人员深入理解个体的心理过程和体验。

⑤网络问卷调查。利用在线问卷工具设计和分发问卷,收集人们的意见、看法和评价等信息。这种方法可以快速收集大量数据,适用于大样本的研究。

在进行网络定性调研时,需要注意一些问题,例如如何招募合适的受访者、如何处理数据安全和隐私等。此外,对于网络访谈和网络焦点小组讨论等方法,也需要掌握一定的在线沟通和分析技巧。

4. 网络调研法的应用

网络调研成为 21 世纪应用领域最广泛的主流调研方法之一,网络调研适用于个案调研和统计调研。对于从事资讯调研业的调研组织来说,可以开展营利性的网上调研业务;对于政府机构和社会团体来说,可以开展非营利性的调研研究项目。具体的应用领域如下。

(1)产品消费调研

网络调研可以对现实与潜在消费者的产品与服务的需求、动机、行为习惯、偏好、水平、意向、价格接受度、满意度、品牌偏好等方面进行测试与研究,帮助企业快速获得目标市场的消费状况、特征和趋势等资讯。

(2)广告效果测试

广告效果测试即利用网上调研的电子问卷、电子邮件、在线座谈等方式,对广告投放后的目标受众进行市场测试,以了解广告的达到率、认知率、认同率、接受率和喜好率等方面的影响,还可以研究广告投放对消费者购买决策和行为的影响,以及广告投放的媒体选择。

(3)生活形态研究

生活形态研究是利用网络调研互动快、成本低的特点,对特定目标群体的生活形态进行连续性的追踪研究。例如,消费群体价值观区隔研究、青少年时尚消费观念研究、妇女消费观念研究、白领人士家庭与职业阶段的研究等,均可利用网络进行研究。

(4)社情民意调研

社情民意调研是利用网络调研法,对一些社会热点问题进行调研研究,如国家进行国家大剧院建设方案的论证,针对转轨时期人才流动、就业问题、国有企业改革、居民投资意向、城市特殊群体生活方式等热点社会问题的调研均适合采用网络调研方式。这些研究能够直接运用于社会研究和公共政策研究,服务于政府、社会团体和研究组织,也可间接运用于市场研究之中。

（5）企业生产经营调研

企业生产经营调研有两种方式：一是事先确定调研的范围、调研的单位、调研的内容及报告格式的要求等，然后由企业通过网络方式进行填报（网上直报）。这种调研方式通常应用于行业或政府的统计调研，但资料传输必须通过安全传输协定的加密保护，禁止未经授权的访问。二是直接登录有关企业的网站或通过搜索引擎获取有关企业的生产经营资料，以满足某些专项研究的需要。

（6）市场供求调研

企业可以利用电子邮件的方式将求购清单（如原材料、设备等）传至供货单位，或将求购清单置于网络中供受访者回复，为企业的采购决策提供的信息。企业亦可将供货清单置于网络中征求购买者，以寻求产品用户为企业的产品销售决策提供信息。

第五节　文案调研法

1. 文案调研法的含义及特征

文案调研法是利用企业内部和外部现有的各种信息、情报资料，对调研内容进行分析并验证研究的一种调研方法，是一种间接调研法。与其他调研相比，文案调研法具有以下几个特点。

①文案调研法是收集已经加工过的二手资料。所收集的资料包括动态和静态两个方面，尤其偏重于从动态角度收集各种反映调研对象变化的历史与现实资料。

②文案调研法所获得的信息资料比较多，资料的获得比较方便、容易。

③文案调研法收集资料所花费的时间较短，费用较低。

2. 文案调研资料的来源

在进行市场调研时，企业需要根据所解决的问题采用不同的调研方式和途径来收集相关信息资料。在当今社会，由于信息具有流动速度快、更新快、信息量大等特点，所以文案资料的收集变得更加快捷、简便。文案资料的来源主要有企业的内部渠道和外部渠道两种。

（1）企业内部资料来源

企业内部资料主要是调研对象活动的各种记录，具体包括业务资料、统计资料、财务资料和企业积累的其他资料四类。

①业务资料。业务资料包括与调研对象活动有关的各种资料，如订货单、进货单、发货单、合同文本、发票、销售记录、业务员访问报告等。通过对这些资料的了

解和分析,可以掌握本企业所生产和经营的商品的供应情况,以及分地区、分用户的需求变化情况。

②统计资料。统计资料包括各类统计报表、企业生产、销售、库存等各种数据资料,以及各类统计分析资料等。企业统计资料是研究企业经营活动、数量特征及规律的重要定量依据,也是企业进行预测和决策的基础。

③财务资料。财务资料主要是由企业财务部门提供的各种财务、会计核算和分析资料,包括生产成本、销售成本、各种商品价格及经营利润等。财务资料是企业加强管理,研究市场,反映经济效益的重要依据,一般从财务会计部门收集而得。

④企业积累的其他资料。企业积累的其他资料包括各种调研报告,工作总结,经验总结,顾客意见和建议,有关照片、录音、录像等。这些资料都对市场研究有着一定的参考作用。

(2)企业外部资料来源

企业外部资料是指来自企业外部的各种信息资料的总称,可以从以下几个主要途径进行收集。

①各级政府部门发布的有关资料。如各级纪委、财政、工商、税务、银行、贸易等部门经常不定期发布的各种有关政策法规、财政和金融信息,价格、商品供求等信息。这些信息都是重要的市场调研资料。

②各级统计部门发布的有关统计资料。国家统计局和各地方统计局都定期或者不定期发布国民经济统计资料。各级统计局每年还会出版统计年鉴,内容包括财政、工业、农业、建筑业、商业、对外贸易、文化、教育、卫生、环保等许多重要的国民经济统计资料。这些资料是市场调研必不可少的重要数据信息。

③各种经济信息中心、专业信息咨询机构、各行业协会和联合会提供的市场信息和有关行业情报。例如,本行业的统计数据、市场分析报告、市场行情报告、工商企业名录、产业研究、商业评论、政策法规等。这些专业信息机构资料齐全、信息灵敏度高,有较强的专业性和可靠程度。这些资料是研究行业状况和市场竞争的重要依据。

④各种公开出版物。国内外有关的书籍、报纸、杂志等都会提供许多科技信息、文献资料、广告资料、市场行情、预测资料和各种经济信息。它们是积累资料、充实信息库的重要来源,特点是信息量大、容量大。

⑤新闻媒体所发布的信息资料。各国家、各地区的电台、电视台每天都会传递大量的广告信息和与市场有关的各种信息。这种信息资料具有信息量大、覆盖范围广、传递速度快和成本低的优点。

⑥国内外各种博览会、展销会、交易会、订货会等促销会议上所发放的文件和材料。这些会议通常涉及新产品、新技术、新设备、新材料等生产供应方面的信息。通过参加展销会、交易会、订货会等可以收集大量的市场调研资料，直接获取样品、产品说明书等资料，还可以进行拍照、录音、录像等。

⑦国际市场信息。国际市场信息是国际市场上与各种经济活动相关的数据、资料的统称，它反映了市场环境的变化特征和趋势等情况，或是指一定时间和条件下，有关国际市场产品营销及与之相联系的多功能服务的各种消息数据资料、报告等的总称，一般以文字、数据、凭证图表、符号报表、商情等形式表现出来。各种国际组织、外国使馆、商会等都会提供国际市场信息。

⑧工商企业名录。工商企业名录有两种类型，即按区域收录和按行业、产品系列或市场收录。它能够帮助调研人员寻找目标市场潜在客户、中间商和竞争对手的信息资料。

⑨公共图书馆和大学专业图书馆里的大量经济资料。图书馆一般分为综合图书馆和专业图书馆。在我国，大中型城市都建有公共图书馆，一般以综合图书馆为主。其内收藏着各种文献资料，以及所有公开出版的书籍、杂志、报纸和光盘等。专业图书馆主要分布在科研院所和高等院校，主要收藏与专业研究有关的图书、统计报告及相关资料。

（3）互联网资料来源

互联网是将世界各地的计算机联系在一起的网络。对任何调研而言，互联网都是最重要的信息来源。互联网上的原始电子信息比其他任何形式存在的信息都多。它是获取信息的最新工具，最大的特征是容易进入，研询速度快，数据容量大，同其他资源连接方便。互联网的发展使信息收集变得容易，从而大大推动了市场调研的发展。过去，要收集所需要的信息就会耗费大量的时间，奔走很多地方。今天，只要调研人员坐在计算机前面，在正确的地方研询就可以轻松地获得大量信息。最重要的是，这些宝贵的信息大多都是免费的。比如，我们想要及时了解政府针对房地产市场推出的房改新政，就能从政府公开网站上面得到有关的政策全文，还有一些行业专家针对政策的解读和说明。如果利用搜索引擎研找，只要输入关键词汇，计算机就会自动帮助研找大量相关信息。

①一般网页研询。由于互联网发布信息容易，许多机构都在互联网上公布大量的信息。因此，调研工作可以从监测调研对象的网页开始。例如，了解某产品的新闻发布内容，就可以知道该产品是否吸引了新的顾客；看看网上某企业的人才招聘信息，就可以知道该企业正在招聘哪些人、企业发展的动向等。这样，我们就对调研对象有了多方面的了解。

当然,世界上没有十全十美的事物。互联网在给我们的生活带来方便、快捷的同时,也暴露了许多问题。其中,最令我们烦恼的便是它所提供的许多信息是没有用的、不准确的、不完全的和陈旧的。因此,互联网的主要作用是辅研和证实一些事实,为获得更好的信息源提供启示。我们最根本的目的不是发现重要情报,而是发现电子邮件网址、研究文章、人员信息等有关信息的线索。

②数据库研询。数据库是信息收集最好的工具之一,是由计算机存储、记录、编制、索引的信息资源,其功能相当于计算机化的参考书。

3. 文案调研法的优缺点

(1)文案调研的优点

①文案调研可以收集到超越时空条件限制的,比实地调研更广泛的信息资料。从时间上看,文案调研不仅可以掌握现实资料,还可以获得实地调研所无法取得的历史资料。从空间上看,文案调研既能对企业内部资料进行收集,还可以掌握大量有关市场环境方面的资料,尤其是在做国际市场调研时,由于地域遥远、市场条件各异,采用实地调研需要更多的时间和经费,加上语言障碍等原因,给调研带来许多困难。相比之下,文案调研就方便得多。

②能够节省人力、调研经费和时间。文案资料的收集过程比较简易,组织工作简便,调研费用低、效率高,而且不受调研人员和调研对象主观因素的干扰。因此,能够节省人力、调研经费和时间。尤其是企业建有管理信息系统或市场调研网络体系,并与外部有关机构具有数据提供的协作关系的条件下,文案调研具有较强的机动性和灵活性,能够较快地获取所需的二手资料,以满足市场研究的需要。

(2)文案调研的缺点

文案调研的主要缺点如下:首先,二手资料主要是历史性的数据和相关资料,往往缺乏当前的数据和情况,存在时效性缺陷;其次,二手资料的准确性、相关性也可能存在一些问题。因此,在使用二手资料之前,有必要对二手资料进行审研与评价。

①时效性差。文案调研依据的主要是历史资料,随着时间的推移和市场环境的变化,过时资料比较多。现实中正在发展变化的新情况、新问题难以得到及时的反映。文案资料是为原来的目的收集整理的,不一定能满足调研者研究特定市场问题的需求。因此,文案调研获得的资料需要分析其时代、社会条件,结合现实情况创造性地加以利用。

②调研结果的准确性不高。文案调研受各种客观条件的限制,很难掌握所需的全部资料;所收集的资料都是为其他目的而取得的,与当前调研目的往往不能很

好地吻合,数据对解决问题不能完全适用,而且资料数量急剧增加,质量良莠不齐,即使经过整理也很难保证其准确无误。

③对调研人员素质要求较高,不利于组织调研。文案调研要求调研人员具有较广的理论知识、较深的专业知识及技能、较强的判断能力,否则难以取得较好的效果。此外,由于文案调研所收集的次级资料的准确程度较难把握,这些间接资料在分析时通常使用难度较高的数量分析技术,有些资料是由专业水平较高的人员采用科学方法收集和加工的,准确度较高,而有的资料只是估算和推测的,准确度较低。因此,调研时应明确资料的来源并加以说明。

4. 文案调研法的应用

虽然文案调研法往往不能为研究问题提供所有答案,但这种方法在许多方面还是有用的,它有助于确定问题、更好地定义问题、拟订问题的研究框架、阐述恰当的研究设计、回答特定的研究问题、更深刻地解释原始数据。在市场研究中,以下三种情况经常用文案调研法进行研究。

①相关和回归分析。相关和回归分析是收集一系列相互联系的现有资料,对这些资料进行相关和回归分析,以确定现象之间相互影响的方向和程度,并在此基础上进行预测。

②市场供求趋势分析。市场供求趋势分析是先收集各种市场动态资料,然后再进行分析对比,以观察市场发展方向。

③市场占有率分析。市场占有率分析是根据各方面资料,估算本企业某种产品的销售量占该产品市场销售总量的比例,以了解本企业所处的市场地位。

第六节　集体智慧法

1. 小组座谈法

（1）小组座谈法的含义

小组座谈法是由一个经过训练的主持人,以一种无结构的自然会议座谈形式,同一个小组的被调研者交谈,从而获取对一些有关问题的深入了解的调研方法。小组座谈法的特点在于,它不是一个一个地访问被调研者,而是同时访问若干个被调研者,即通过与若干个被调研者的集体座谈来了解市场信息,因此小组座谈法要想取得预期效果,不仅要求调研者事前做好准备工作,还要求调研者具备主持会议和驾驭会议的能力。

(2)小组座谈法的实施步骤

要认真做好准备工作,主要包括:

第一,明确会议主题,设计调研提纲。利用小组座谈法开调研会,主题要事先明确,且要简明集中,最好一个会议只有一个调研主题,还应是到会者共同关心和了解的问题,这样才能调动每个到会者参与调研讨论的积极性。主题确定以后,调研者应根据调研主题拟出详细的调研提纲。调研提纲通常要由调研组织者、客户(委托人)和主持人三者共同研究确定,调研提纲统一且拟订后,调研组织者就要按照调研提纲的要求来召开小组座谈会。

第二,确定会议规模和人员。调研会议的规模大小,取决于客观需要和调研者驾驭会议的能力。一般来说,以了解市场信息为主的调研会,会议规模可适当大一些;以研究市场问题为主的调研会,会议规模应小一些。调研者驾驭会议的能力较强,参加座谈会的人数可多一些;反之,人数应少一些。一般以 8 ~ 12 人为宜。会议规模确定以后,就要物色到会人员。正确物色到会人员,是小组座谈会能否成功的基础。毫无疑问,小组座谈会的到会人员应该是那些了解市场情况,敢于发表意见、性格开朗、有独到见解的人,最好不要把不同消费水平、不同生活方式的人放在同一组讨论,以免造成沟通障碍,影响座谈会的气氛。

第三,选择会议场所和时间。会议的场所和时间应该方便大多数与会者,还应有一个比较安静轻松的环境,使与会者能充分发表意见,会议的时间要比较充裕,但也不要太长,忌讳开成"马拉松"式疲劳作战的调研会,一般控制在 1 ~ 3 个小时为宜。

第四,确定人员分工和合作。确定座谈的组织者、主持人、记录员等角色,并根据人员的专长进行分工,发挥各自的优势,使每个人集中精力做好自己的本职工作,协调各方合作,确保座谈顺利、高效地进行。

第五,会议开场。主持人简要介绍座谈的主题和讨论要达到的目的,提供会议议程,逐一介绍与会者,引导与会者进入讨论状态,并鼓励与会者积极参与讨论。

第六,与会者互动讨论。根据会议议程安排,与会者按照规定顺序或自由发言,围绕座谈的主题和目的自由发言,分享见解、提出问题、表达观点等,并可以就他人发言进行提问、补充、反驳等,促进思想碰撞和交流。

第七,总结归纳。主持人在座谈结束前对讨论内容进行总结归纳、提炼共识,强调重点观点和结论,确保会议达到预期的目标,为会议画上圆满的句号。

第八,制订行动计划。根据座谈的讨论结果,制订具体的行动计划和责任分工,确保讨论结果能够得到落实。

第九,沟通反馈。座谈结束后及时向与会者反馈讨论结果和行动计划,保持沟通和透明度。

（3）座谈过程的指导和控制

①打破短暂的沉默。在许多座谈会开始时，往往会出现短暂的沉默，原因是被调研者互不熟悉，大家都不愿意率先发言，而是观望。这时，会议主持人应率先打破沉默，说明调研的目的、意义和要求，消除与会者的顾虑，或请一个比较了解和支持调研工作的人带头发言，使座谈会顺利开始。

②把握会议的主题。小组座谈会由于参加的人员比较多，所以很容易出现谈论的主题逐渐"脱轨"，离题越来越远的问题。这时，会议的主持人应及时把讨论的问题引入正轨，把与会者的兴奋中心转为会议主题，确保会议始终在组织者的把握和控制之中。

③做好与会者之间的协调工作。在座谈会进行过程中，与会者不可避免地会产生一些矛盾或分歧，如由于所处的环境不同或思维方式不同，或互不信任，或性格差异造成激烈争论，甚至争吵，这时，会议主持人应做好引导和协调工作，以保证调研会的顺利进行。

（4）做好座谈会会后的工作

①及时整理会议记录，看记录是否完整、准确，调研的情况是否有明显的不真实和不可靠的地方，有无遗漏和错误之处需要更正。

②回顾和研究会议的情况。通过录音和录像带，可察看会议的进程是否正常，分析每一个与会者的态度和表现，以便及时发现其中的疑点和需要深入探讨的问题，对会议的调研结果做出适当的评价。

③进一步研证事实，并做必要的补充调研。座谈会后对一些关键事实和重要数据，应进一步研证落实，保证调研资料的真实可靠。调研会上遗漏的问题，或发现有错误的数据应及时进行补充调研。

（5）小组座谈法的优缺点

①小组座谈法的优点。小组座谈与其他数据收集方法相比存在一些优点，这些优点可以用10S来概括。

a. 协同（synergism）。将一组人聚在一起，在主持人的适度引导下，小组成员相互启发，通过这种互动作用，比个人单独回答能产生大量有创意的想法和建议。因而取得的资料较为广泛和深入。而且还能节约人力和时间。

b. 滚雪球（snowballing）。所取得的资料较为广泛和深入。由于有多个被调研者参加座谈，一个人的论点通常会引起其他人一系列的反应，所以小组座谈经常会出现连锁反应，而且能将调研与讨论相结合。在主持人的适度引导下，被调研者能够开动脑筋、互相启发，在调研中不仅能发现问题，还能探讨问题的原因和提出解决问题的途径,从而获得大量富有创意的想法和建议。

c. 鼓励(stimulation)。通常在简短的介绍之后,由于小组里关于主题讨论的热情逐步高涨,因而调研对象想表达自己的观点,流露自己的感情。

d. 安全(security)。因为参与者的感受与其他小组成员的感受相似,所以他们会感到很舒适,因而愿意表达自己的观点与感受。

e. 自发(spontaneity)。因为参与者不需要回答特定的问题,他们的反应是自发的、非常规的,因而可以准确地表达自己的看法。

f. 意外(serendipity)。观点更可能意外地产生于小组讨论而不是个人面谈中。

g. 专业化(specialization)。因为许多调研对象是同时参与的,所以应高薪聘请一名训练有素的主持人。

h. 科学审视(scientific scrutiny)。小组座谈可以对数据收集进行科学监测,因为观察者能对小组座谈实施的过程进行严密监视,并且可以通过单向镜观看访谈现场的讨论情况,通过录音、录像设备可以把整个过程录制下来,供后期分析使用。

i. 结构化(structure)。小组座谈在探讨主题的同时能够提供更深入的见解,包括其重要性和保持持续性方面。

j. 速度(speed)。资料收集快、效率高。因为同时访谈若干个被调研者,所以数据收集与分析相对较快。这样就能节省人力和时间。

②小组座谈法的局限性。小组座谈的缺点可以用5M来概括。

a. 误用(misuse)。如果将小组座谈的结果认为是结论性的,而不是探索性的,那么小组座谈法就被误用了。因为小组成员选择不当,有些涉及隐私、保密的问题很难在会上讨论等都会影响调研结果的准确性和客观性。

b. 判断错误(misjudge)。小组座谈法与其他调研方法相比,更具有主观性,其结果比其他数据收集方法的结果更容易被错误地判断,受主持人的影响而出现偏差。这一方法中特别值得怀疑的是客户与研究人员的偏见。

c. 主持技巧(moderation)。小组座谈很难主持,对主持人的要求较高,而挑选理想的主持人又往往比较困难。但结果的质量很大程度上取决于主持人的技巧。

d. 混乱(messy)。因回答结果散乱,答案的非结构化使编码、分析、解释变得非常困难,小组座谈数据比较混乱,使后期对资料的分析和说明的难度加大。

e. 不具有代表性(misreresenatio)。小组座谈的结果对于整个样本总体不具有代表性,也不可进行推论。因此,小组座谈的结果不应当作决策的核心基础。

2. 德尔菲法

德尔菲法(Dlpli method)是20世纪40年代由美国兰德公司首创和使用的一种

特殊的调研方法,在西方非常流行。

利用德尔菲法进行调研,调研员在具体处理专家意见时,可根据每一轮征询的结果,分不同类型的问题,采用不同的统计处理方法加以汇总、归纳。比如对数量和时间问题,可采用求中位数、平均数、四分位数和极差等方法进行统计处理;采用主观概率与专家人数求加权算术平均数方法解决主观概率的统计处理问题等。

德尔菲法的其他内容,详见第四章。

3. 投影技法

(1)投影技法的含义

投影技法是一种无结构的非直接的询问形式,可以鼓励被调研者将他们所关心的问题的潜在动机、信仰、态度或感情投射出来。在投影技法中,并不要求被调研者描述自己的行为,而是要求他们解释他人的行为。在解释他人的行为时,被调研者就间接地将他们自己的动机、信仰、态度或感情投影到了有关的情景之中。因此,通过分析被调研者对那些没有结构的、不明确的且模棱两可的"剧本"的反应,可以揭示他们的态度和情感。剧情越模糊,被调研者就会更多地投影他们自己的感情、需要、动机、态度和价值观,就像心理咨询诊断中利用投影技法来分析患者的心理那样。

(2)投影技法的分类

①联想技法。联想技法是利用人们的心理联想活动或在事物之间建立的某种联系,向被调研者提及某种事物或词语,询问被调研者联想到什么,以获取被调研者对调研问题的看法、动机、态度和情感。联想法有多种形式,如自由联想法、控制联想法和词语联想法等。比如"当你听到小轿车这个词时,你想到了什么?"被调研者可以自由地、无拘无束地说出他们脑海里所想的东西,这就是自由联想法。"当你听到小轿车这个词时,你首先想到的品牌是什么?"被调研者的联想答案只能限于"品牌"这个范围,这就是控制联想法。词语联想法又称引导性联想,它是调研者根据调研问题给出连串的词语,每给一个词语,都让被调研者回答最初联想到的词语(反应语)。调研者感兴趣的那些词语(试验词语或刺激词语)是散布在那串展示的词语中的,在给出的连串词语中,也有一些中性的或充数的词语,用于掩盖研究的目的。

②完成技法。在完成技法中,给出不完全的刺激情景,要求被调研者来完成。常用的方法又分为句子完成法和故事完成法。

a. 句子完成法。句子完成法与词语联想法类似,即给被调研者一些不完全的句子,要求他们完成。一般来说,要求他们使用最初想到的那个单词或词组。与

词语联想法相比,句子完成法对被调研者提供的刺激是更直接的,从句子完成法可能得到的有关被调研者情感方面的信息也更多。不过,句子完成法不如词语联想法那么隐蔽,许多被调研者可能会猜到研究的目的。句子完成法的另一种类型是段落完成,即被调研者要完成由某个刺激短语开头的一段文章。

b. 故事完成法。在故事完成法中,给被调研者故事的一部分,要足以将故事完成人(被调研者)的注意力吸引到某特定的话题,但不要提示故事的结尾。被调研者要用自己的话来给出结论。例如,在百货商店顾客光顾情况的调研研究中,要求被调研者完成下面的故事。一位男士在他所喜爱的一家百货商店里购买上班穿的西服。他花了45 min并试了几套之后,终于选中了一套他所喜欢的。当他往结账柜台走去的时候,一位店员过来说:"先生,我们现在有减价的西服,同样的价格但质量更高。您想看看吗?"这位消费者的反应是什么?为什么?从被调研者完成的故事中就有可能看出他对花费时间挑选商品的相对价值方面的态度,以及他在购物中的情感投资行为。

③结构技法。结构技法要求被调研者以故事对话或绘图的形式构造一种反应。在结构技法中,调研者为被调研者提供的最初结构比完成技法中提供得少。结构技法中的两种主要方法是图画回答法和卡通试验法。

图画回答法的做法是展示一系列图画或漫画,其中有一些常规的情节,也有一些非常规的事件。在某些画面上,人物或对象绘制得非常清晰,但在其他画面上则非常模糊。通过要求被调研者观看这些图画并讲述故事,我们可以根据他们对图画的解释来了解他们的个性特征。例如,可以将被调研者的特征描绘为冲动的、有创造性的和没有想象力的等,其主题是从被调研者对图片的感觉概念中抽取出来的。

卡通试验法的做法是将卡通人物置于与问题相关的具体环境中,要求被调研者描述卡通人物与另一个人物的对话或评论。通过被调研者的回答,我们可以了解他们对该环境或情况的情感、信念和态度。与图画回答法相比,卡通试验法的实施和分析都较为简单。

④表现技法。在表现技法中,通过提供一种文字或形象的情境给被调研者,鼓励他们将自己的感情和态度与角色表演和第三者技法联系起来。两种主要的表现技法是角色表演和第三者技法。

a. 角色表演。在角色表演中,让被调研者表演某种角色或假定按某人的行为来做动作。调研者的假定是,被调研者将会把他们自己的感情投入角色。通过分析被调研者的表演,就可以了解他们的感情和态度。例如,在百货商店顾客光顾情况的调研研究中,要求被调研者扮演负责处理顾客抱怨和意见的经理的角色,被调研者如何处理顾客的意见体现了他们对购物的感情和态度。在表演中用尊重和礼貌的态度对待顾客抱怨的表演者,作为顾客,希望商店的经理也能用这种态度来对待他们。

b. 第三者技法。在第三者技法中,是给被调研者提供一种文字的或形象化的情景,让被调研者将第三者的信仰和态度与该情景联系起来,而不是直接地联系自己的信仰和态度,第三者可能是他们的朋友、邻居、同事或某种"典型的"人物。同样,调研者的假定是,当被调研者描述第三者的反应时,他个人的信仰和态度也就暴露出来了。让被调研者去反映第三者立场的做法减小了他们的压力,因此能够给出较真实且合理的回答。

(3)投影技法的优缺点

①优点。与无结构的直接法(小组座谈法和深层访谈法)相比,投影技法的一个主要优点就是:有助于揭示被调研者真实的意见和情感,特别是对那些秘密的、敏感的问题的看法。在直接询问时,被调研者常常有意或无意地错误理解、错误解释或错误引导调研者。在这些情况下,投影技法可以通过隐蔽研究目的来增加回答的有效性。特别是当要了解的问题是私人的、敏感的或有着很强的社会标准时,其作用就更加明显。当潜在的动机、信仰和态度是处于一种潜意识状态时,投影技法也是十分有帮助的。

②投影技法也有无结构的直接技法的许多缺点,并且可能更为严重。因为我们需要专门的、训练有素的调研员进行访谈,而这种人员往往非常稀缺。此外,费用较高可能会存在严重的解释偏差;开放式的提问常会给分析和研究带来一定的困难。

一些投影技法,例如角色扮演法要求被调研者采取不平常的行为。在这些情况下,调研者可能假定同意参加的被调研者在某些方面也不是平常的。因此,这些被调研者可能不是所研究的总体的代表。为此,最好将投影技法的结果与采用更有代表性样本的其他方法的结果相比较。

第三章　预测概述

第一节　引　言

　　预测是在市场调研的基础上进行的,是一个古老的话题。人类的祖先由于不能理解风雨雷电、陨石流星、潮汐海啸等自然现象,而赋予它们以神秘的气息,并逐渐把这些自然现象超自然化。远古的人们利用龟甲或兽骨去占卜(预测)战争的胜负、年成的好坏等。历代的占卜师、星相家、能人、智士们都力图对未来做出预测。他们的行为常常被笼罩上神秘、甚至是迷信的色彩,而其中一些成功的预言使人们叹为观止并广为流传。例如,诸葛亮在《隆中对》中对东汉末年的政治形势做出了有关三分天下的预测,这一预测被广泛传颂并受到高度赞赏。

　　随着人类社会和科学技术的发展,预测的技术也得到不断的发展,预测工作逐渐褪去了神秘的色彩,并从迷信和唯心主义走上了科学化的道路。科学的预测能够正确地向人们展现未来,使人们不再盲目地行动,使人类可以有计划地发展自己。瑞士科学家雅各布·伯努利(Jakob Bernoulli)在其所著的《猜度术》(*Ars Conjectandi*)中最早创立了预测学,其目的在于减少人类生活各个方面由于不确定导致错误决策所产生的风险。但预测科学在 20 世纪 40 年代才真正进入萌芽时期,至 20 世纪 60 年代,预测研究开始从初期的纯理论研究发展到应用研究。近年来,预测理论和方法渐渐被引入工业安全领域,用科学的方法来指导生产,并取得了一定成效。特别是目前随着现代数学方法和计算机技术的发展,国际上安全评价分析以及预测决策实施得到了广泛应用,如模糊故障树分析预测、模糊概率分析和模糊灰度预测决策等。安全评价工作,主要包括安全分析、隐患评价、事故预测决策,已作为一种产业在国际上出现。预测科学已经成为一门发展迅速、应用广泛的新科学。

　　例如,预测电力需求的难度在预测领域是有名的。电力不能储存,除了靠电池做少量的储存,所以,所有的用电需求应该正好与电厂的发电机组的电力供应相匹配。生产较少的电力会引起断电,用户是不能接受的,而生产太多的电力则会浪费昂贵的资源。从长期来看,对电力的需求将稳步上升。所以,为满足需求的增长,应建立足够的电站。计划并建设一个核电站需要花费许多年的时间和数亿英镑的费用。传统的电站,特别是以天然气做燃料的电站,建设实践与费用都会少一些,但项目的预算仍要依据未来 10～20 年的需求进行预测。从短期来看,电力需求以年为周期循环变化,冬天人们往往使用电暖气和空调等,电力需求就比较大。有时短期内需求也会突然上升,例如特别冷的天气里。而一周中电力需求也有循环特性,周末伴随着工业活动减少,需求量往往较低。周期循环的最短时间为一天,在夜间人们休息后用电量会少一些。最后,一天中也会有非正常的用电高峰,例如,有人打开电视后,喜欢一边欣赏电视节目,一边用电水壶烧水。

在开始供电之前,电厂需要"热身"和启动,所以,稳定而已知的需求会大大方便电力生产的管理。电力供应方往往采用非高峰用电的优惠价促使用电需求的均衡,但这往往不能彻底解决电力需求的频繁变动状况。在实际中,厂家仍需要预测用电需求的长期趋势、年度循环、变化周期、每周的循环、每天的循环以及短时间的波动。电厂将根据这些需求的情况,通过最节省的资源调用,使其电力供应与这些不断变化的需求相适应。

预测是在市场调研的基础上进行的。

1. 预测的含义

预测是指根据客观事物的发展趋势和变化规律,对特定的对象未来发展的趋势或状态做出科学的推测与判断。预测是根据对事物的已有认识,做出对未知事物的预估。预测是一种行为,表现为一个过程,同时,它也表现为行为的某种结果。

作为探索客观事物未来发展的趋势或状态的预测活动,预测绝不是一种"未卜先知"的唯心主义,也不是随心所欲的臆断,而是人类"鉴往知来"智慧的表现,是科学实践活动的构成部分。预测之所以是一种科学活动,是由预测前提的科学性、预测方法的科学性和预测结果的科学性决定的。预测前提的科学性包括三层含义:一是预测必须以客观事实为依据,即以反映这些事实的历史与现实的资料和数据为依据进行推断;二是作为预测依据的事实资料与数据,还必须通过抽象上升到规律性的认识并以这些规律性的认识作为预测的资料;三是预测必须以正确反映客观规律的某些成熟的科学理论做指导。预测方法的科学性包含两层含义:一是各种预测方法是在预测实践经验基础上总结出来,并获得理论证明与实践检验的科学方法,包含预测对象所处学科领域的方法以及教学的、统计学的方法;二是预测方法的应用不是随意的,它必须依据预测对象的特点合理选择和正确运用。预测结果的科学性包括两层含义:一是预测结果是由已认识的客观对象的规律性和事实资料为依据,采用定性与定量相结合的科学方法做出的科学推断,并用科学的方式加以表达;二是预测结果在允许的误差范围内可以验证预测对象已经发生的事实,同时在条件不变的情况下,预测结果能够经受实践的检验。

2. 预测的作用

所有的管理决策都是在预测的基础上做出的。每一项决策都要在未来某一时间见效,所以,现在的决策必须以对未来条件的预测为依据。例如,某企业在计划其某种产品的产量时,并不是要使本企业的产量满足目前的市场需求,而是要满足产品制成销售时的市场需求。在组织(企业)中处处会需要预测,它绝对不应该仅仅由一组孤立的专家做出。预测也永远没有"完成"的时候,随着时间的推移,要不断比较实际情况与预测结果,原有预测要不断更新,计划要不断调整,从而,预测工作就要不断地进行,如图3.1所示。

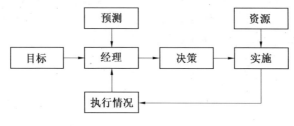

图 3.1　预测与决策

预测学这门古老而又崭新的交叉学科,充分运用现代科学技术所提供的理论、方法和手段来研究人类社会、政治、军事以及科学技术等各事物的发展趋势。预测阶段对近期影响、中期变化和远景轮廓的描述为人们进行近期、中期、远期、长期决策提供依据。

大家所熟知的《孙子兵法》是中国古典军事文化遗产中的璀璨瑰宝,是中国优秀传统文化的重要组成部分。其内容博大精深,思想精邃富赡,逻辑缜密严谨。作者为春秋时期伟大军事家孙武,大约成书于春秋末年。该书自问世以来,对中国古代军事学术的发展产生了巨大而深远的影响,被人们尊奉为"兵经""百世谈兵之祖"。历代兵学家、军事家无不从中汲取养料,用于指导战争实践和发展军事理论。三国时期,著名的政治家、军事家曹操曾为《孙子兵法》做了系统的注解,为后人研究、运用《孙子兵法》打开了方便之门。《孙子兵法》不仅是中国的谋略宝库,在世界上也久负盛名。其8世纪传入日本,18世纪传入欧洲。现今已翻译成29种文字,在世界上广为流传。英国著名军事理论家利德尔·哈特(Liddell Hart)曾向人透露:"他的军事著作中所阐述的观点,其实在2 500年前的《孙子兵法》中就可以

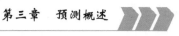

找到。"他也确实对孙武及其著作深感兴趣,不仅为《孙子兵法》英译本作序,还在自己的得意之作《战略论:间接路线》前面大段引述孙武的格言。

《孙子兵法》中包含了丰富的预测和战略分析的内容。孙子认为,"兵者,国家大事,生死之地,存亡之道,不可不察也",这个"察"就是预测。这部书历时 2 500 年长盛不衰,至今仍被中外军事战略家、企业家奉为经典,其主要原因之一在于它提供的种种预测方法,能够帮助人们进行正确决策。诸葛亮敢于"借东风",是基于他对当时气象变化的预测;他敢于唱"空城计",是基于他对司马懿军事决策行为特点的分析和预测。

《孙子兵法》帮助许多企业家获得了巨大商战的战果。美国通用汽车公司董事会主席罗杰·史密斯(Roger Smith)在 1984 年销售汽车 830 万辆,居世界首位。他说他成功的秘诀就是"从 2 500 年前中国一位战略家写的《孙子兵法》一书中学习到了许多东西",从而使他获得了一个"战略家的头脑"。

"兵无常势,水无常形,能因敌变化取胜者,谓之神。"市场是瞬息万变的,经营者应依据市场变化灵活采取对策。索尼公司应用《孙子兵法》的这一思想取得了成功。50 年来,索尼"以正合,以奇胜",不断根据市场需求,推出新产品,占领市场,支撑企业发展。

"夫兵形象水,水之形避高而趋下,兵之形避实而击虚。"这种思想已成为企业的重要战略思想。许多企业避开市场竞争主战场,独辟蹊径,开辟无人涉足的细分市场,一举获得成功,达到了扬长避短,避实击虚的效果。在这方面,日本的任天堂公司就是一个成功的例子。它原是一家生产扑克牌的小公司,1980 年独辟蹊径开发出普及型家庭游戏机,打开日本市场,1986 年推出适合美国家庭的游戏机,又开辟了美国市场,现在正席卷欧洲市场。

我国著名企业家张瑞敏对《孙子兵法》有深入的研究。他认为,抢占市场要有速度,这就是《孙子兵法》所说的"激水之疾,至于漂石者,势也",而这个"石"就是顾客。他运用《孙子兵法》的战略思想,在激烈的商场竞争中获得巨大成功,使中国的海尔走向世界。

沃尔沃中国区前首席执行官吴瑜章是一位运用《孙子兵法》非常成功的企业家。1997 年他刚加盟沃尔沃时,该公司在中国的年销售量只有 27 辆。经过 5 年奋战,他击败了主要竞争对手,将沃尔沃的年销售量提高了 30 多倍,占据了中国汽车市场的主要份额。他深有体会地说:市场就是战场。不懂市场战争学的企业家,不可能带领企业在长期市场竞争中取得最终的胜利。不懂《孙子兵法》的企业家,不

可能是真正的成功者。

在我国,随着社会主义市场经济体制的确立和完善,企业将成为市场真正的主体,同时经济全球化的大趋势使市场竞争也日趋激烈,如何增强企业自身的环境适应性,成为企业生存和发展的重大研究课题。预测在此方面起着越来越重要的作用。具体表现在它是企业经营决策和编制经营计划的重要依据,也是企业提高应变能力的主要途径。只有可靠的预测,才能做出正确的决策,使企业兴旺发达;只有各种产品需求量的可靠预测数字,才能编制出准确的经营计划,避免因计划不准而给实际工作造成被动情况。

预测对象的未来往往是不确定的,存在着许多种可能,因此,预测不可能是绝对准确的,它将来可能发生和发展,也可能朝预测不到的方向发生和发展。在某些情况下,预测的效果可能不尽如人意。至今,我们不能预知哪一匹马将赢得比赛;我们为一次聚会准备了太多的食物;商店卖出了太多的存货等。这将给我们或企业经营带来风险和困难。尽管如此,如果方法得当,我们还是会得到不错的预测结果,能把某一未来事件发生的不确定性极小化,从而有利于企业合理配置资源和减少经营风险。

当今世界,组织竞争的最大挑战之一是如何在决策制订过程中更好地利用数据。可用于企业以及由企业生成的数据量非常大且以惊人的速度在增长。据 IT 分析公司 IDC 统计,每天有 15 PB 的新数据生成(1 PB 等于 100 万 GB)。这相当于全美国图书馆数据量的 8 倍。与此同时,基于此数据制订决策的时间段非常短,且有日益缩短的趋势。虽然业务经理可以利用大量报告和仪表板来监控业务环境,但是使用此信息来指导业务流程和客户互动的关键步骤通常是手动的,因而不能及时响应变化的环境。希望获得竞争优势的组织们必须寻找更好的方式。

决策管理使用决策流程框架和分析来优化并自动化决策,决策管理通常专注于大批量决策并使用基于规则和基于分析模型的应用程序来实现决策。对于传统上使用历史数据和静态信息作为业务决策基础的组织来说这是一个突破性的进展。预测分析提供洞察来预测客户下一步将会做什么,并对此做出积极响应。

决策管理是用于优化和自动化业务决策的卓有成效的成熟方法。它通过预测分析让组织能够在制订决策以前有所行动,以便预测哪些行动在将来最有可能获得成功。由于闭环系统不断将有价值的反馈纳入到决策制订过程中,所以对于希望对变化的环境做出即时反应并最大化每个决策的效益组织来说,它是非常理想的方法。

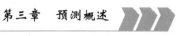

一直以来,制造业面临的挑战是在生产优质商品的同时在每一步流程中优化资源。多年来,制造商已经制订了一系列成熟的方法来控制质量、管理供应链和维护设备。如今,面对持续的成本控制工作,工厂管理人员、维护工程师和质量控制的监督执行人员都希望知道如何在维持质量标准的同时避免昂贵的非计划停机时间或设备故障,以及如何控制维护、修理和大修业务的人力和库存成本。此外,财务和客户服务部门的管理人员,以及最终的高管级别的管理人员,与生产流程能否很好地交付成品息息相关。

IBM SPSS 预测分析帮助制造商最大限度地减少非计划性维护的停机时间,真正消除不必要的维护,并很好地预测了保修费用,从而达到新的质量标准,并节约了资金。它可用于生产线的预测分析,及时维护防止故障导致生产中断,可以解决一系列客户服务问题,其中包括顾客对因计划外维修和产品故障而造成停机的投诉;并可用于汽车、电子、航空航天、化学品和石油等不同行业的制造业务。

3. 预测的基本原则

为保证预测工作的科学、有效,我们必须坚持以下几条原则。

(1)坚持系统性原则

预测者所研究的事物和自然界的其他事物一样,都有自己的过去、现在和将来,就是存在一种纵向的发展关系及因果关系。而这种因果关系要受某种规律的支配。预测者必须将事物作为一个互相作用和反作用的动态整体来研究,不但要研究事物的本身,而且还要将事物本身与周围的环境组合成一个系统综合体来研究。

(2)坚持关联性原则

预测对象的相关因素之间及预测对象与相关因素之间存在某种依存关系。预测者应对这种关系进行全面分析。有时可以对本质上并不重要的因素忽略不计,而重点抓主要矛盾。

关联性原则就是要充分考虑相关因素的横向联系及其作用与反作用的依存关系,如果不重视这一原则,顾此失彼,有可能导致预测失败。

(3)坚持动态性原则

预测对象的相关因素和环境不是一成不变的,而是处于不断发展和变化的过程中。这些因素或环境的各个发展阶段对预测对象都有影响,有时甚至会改变预测对象的发展方向或性质。

4. 预测的一般步骤

预测作为一个过程,一般包括以下几个步骤。

(1)确定预测目标

预测是为决策服务的,所以要根据决策的需要来确定预测对象、预测结果达到的精确度,确定是定性预测还是定量预测以及完成预测的期限等。比如,当决策只需要知道产品销售发展的趋势时,能够预测出销售是增加、减少,还是不变就可以了,而当决策需要了解产品销售量能达到什么样的水平时,则必须对销售量增加或减少的具体数值进行预测,预测也就从定性变为定量了。又如短期预测所要求的时间期限和预测精度与中、长期预测也不一样。总之,预测一个事物的发展变化时,首先要了解决策的要求并据此确定属于哪类预测,应满足哪些标准,等等。

(2)收集和整理有关资料

预测是根据有关历史资料去推测未来,资料是预测的依据。应根据预测目标的具体要求去收集资料。预测中所需的资料通常包括以下三项。

①预测对象本身发展的历史资料。

②对预测对象发展变化有影响作用的各相关因素的历史资料(包括现在的资料)。

③形成上述资料的历史背景、影响因素在预测期间内可能表现的状况。

对收集到的资料还要进行分析、加工和整理,判别资料的真实程度和可用度,去掉那些不够真实和无用的资料。

(3)选择预测方法和建立数学模型

预测方法的种类很多,不同的方法有不同的适用范围、不同的前提条件和不同的要求。对于特定的预测对象很可能有多种方法可用,而有的预测对象因为受到人、财、物、时间等因素的限制只能用一种或少数几种方法。在实际中,应根据计划、决策的需要,结合预测工作的条件、环境,以经济、方便、精度足够好为原则去选择预测方法。

预测模型是表示预测对象发展变化的客观规律的近似模型,预测结果是否有效取决于模型对预测对象未来发展规律近似的准确程度。对于数学模型,要求出示其模型形式和参数值。如用趋势外推法,则要求出示反映发展趋势的公式;如用类推法,则要寻求与预测对象发展类似的事物在历史上所呈现的发展规律等。

(4)评价预测模型

由于预测模型是由历史资料建立的,它们能否比较真实地反映预测对象未来发展的规律是需要讨论的。评价预测模型就是评价模型能否真实地反映预测对象的未来发展规律。如预测对象是否仍按原趋势发展下去,即事物发展是否产生突变? 如无突变,则所建立的模型能否反映它的趋势? 如果评价结果是该模型不能真实反映预测对象的未来发展状况,则重建模型;如果能够真实地反映预测对象的未来发展状况,则可进入下一步。

(5)利用模型进行预测,分析预测结果

根据收集到的有关资料,利用经过评价的模型,我们可以计算或推测出预测对象的未来结果。利用模型得到的预测结果有时并不一定与事物发展的实际结果相符。这是由于所建立的模型是对实际情况的近似模拟,有的模型模拟效果可能好些,有的则可能会差些;同时,在计算和推测过程中也难免会产生误差,再加上预测是在前述的假设条件下进行的,所以预测结果与实际结果难免会发生偏差。因此,每次得到预测结果之后,都应对其加以分析和评价。通常是根据常识和经验,检查和判断预测结果是否合理,与实际的结果之间是否可信,并想出一些办法对预测结果加以修正,使之更接近于实际。此外,在条件允许的情况下,可以采用多种方法进行预测,再经过比较或综合,确定出可信的预测结果。

从以上介绍可以看出,预测过程是一个收集资料、技术应用和数据分析的结合过程。资料是预测的基础和出发点,预测技术的应用是核心,分析则贯穿了预测的全过程。可以说,没有分析,就不能称其为预测。

在整个预测过程中,对预测成败影响最大的两个"分析和处理":一个是对收集到的资料进行分析和处理,资料是基础,如果基础质量不好,那么建立在这个基础之上的大厦(预测模型)的质量也不会好,预测结果的质量也必定差强人意;另一个是对预测结果的分析和处理,这是对预测效果的最后一次检查,它直接决定预测的质量。这两个分析和处理最能体现预测者的水平,预测的质量完全取决于预测者对预测对象及客观条件的熟悉程度、知识面的广度、对事物的观察能力以及逻辑推理与分析判断的能力等。就像使用相同原料、相同工具进行生产的工人生产出不同质量的产品一样,不同的预测者在运用相同的资料和相同的预测技术对同一预测对象进行预测时,也可能会得到质量相差很大的预测结果。这种差别常常产生在分析和处理环节上。

从上述基本步骤也可以看出,预测是一项"技艺"性的工作,它既需要科学的方法,又需要进行艺术的处理。由于预测对象的发展变化规律要比自然科学所研究的对象的发展变化规律复杂得多,所处的环境也复杂得多,所以预测工作者的这种"技艺"也就显得愈加重要。实际上,预测的每一个基本步骤都要求预测工作者运用其知识、经验和能力进行艺术处理。

5.科学预测

20世纪六七十年代,预测作为一门科学在美国逐步兴起。在此之前,虽然早有预测工作,但基本上是依靠专家经验的所谓直观法进行类推,还没有形成一套科学的方法,这种直观的类推法,也有其相当可靠的一面,但有时也会产生巨大的误差。例如,爱迪生曾经断定威斯汀豪斯(Westinghouse)的交流电系统不会成功(他自己发明的是直流电系统)。现在,交流电系统早已为世界上大多数国家所采用。之所以产生如此巨大的预测误差,是因为他们的预测还不够科学,他们预测的根据还主要是个人的专业知识和狭隘经验。

1937年,美国曾组织过一次大规模的研究,预测未来技术的发展,最后提出一份叫作"技术趋势和国家政策"的研究报告。这个报告中所预测的项目有60%后来得到了证实,然而它却未能预见到像喷气机、核能、尼龙、青霉素等这样一些重大科技成就。回顾起来,这些成就在美国当时已有迹可循,只是没有被预测人员注意到。事实上,有些重大发明虽然实际上已经存在,但却未能被预测人员捕捉到它们的发展潜力,被作为非预期的现象视而不见,或者只是借助于某种偶然性才被揭示出来。

科学的预测一般有以下几种途径:一是因果分析,通过研究事物的形成原因来预测事物未来发展变化的必然结果。二是类比分析,比如把单项技术的发展同生物的增长相类比,把正在发展中的事物同历史上的"先导事件"相类比等。通过这种类比分析来预测事物的未来发展。三是统计分析,运用一系列数学方法,通过对事物过去和现在的数据资料进行分析,去伪存真,由表及里,揭示出历史数据背后的必然规律性,明确事物的未来发展趋势。

本章将重点介绍定量预测方法。我们通常是在对所研究系统进行深入分析的基础上,建立数学模型,运用数学模型获得所需要的预测结论。

必须指出的是,有时候所建立的数学模型未必能正确反映系统的发展变化规律,或者会得出错误的预测结果。在预测中应尽量避免下面的情况发生。

①错误的模型和结论。

②错误的模型却碰巧获得了正确的结论。

③错误地解释了模型运行的结果。

④系统分析错误,由错误的模型而得出的盲目预测。

⑤系统分析错误,盲目建模,盲目预测。

⑥系统分析错误,盲目建模,预测错误。预测错误的类型如图3.2所示。

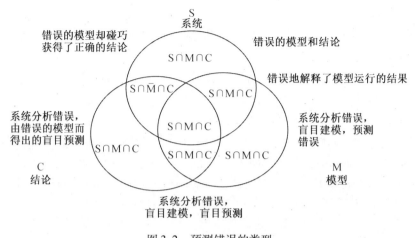

图 3.2　预测错误的类型

第二节　预测的类型与方法

1. 预测的主要内容

预测对象多得不胜枚举:产品的需要、生产率、产量、需要的资源、可供的人力、可利用的时间、生产能力、天气、股票价格、原材料成本,等等。

(1)科学预测

科学预测是对科学发展情况的预计与推测。科学预测应该由科学家来做。

(2)技术预测

技术预测是对技术进步情况的预计与推测。技术预测最好由该领域的专家来进行。

(3)经济预测

政府部门以及其他一些社会组织经常就未来的经济状况发表经济预测报告。企业可以从这些报告中获取长期的和中期的经济增长指标,以规划自己的行动。

(4)需求预测

需求预测不仅为企业提供了其产品在未来的一段时间里的需求期望水平,而且还为企业的计划和控制决策提供了依据。既然企业生产的目的是向社会提供产品或服务,那么其生产决策无疑会在很大程度上受到需求预测的影响。

需求预测与企业生产经营活动的关系最为密切,是讨论的重点。此外,在介绍研究内容时,我们会经常提到"需求预测",这仅仅是为了表述的方便。你完全可以将它看作可以预测的任意一个事物。

①需求预测是在市场调研基础上,运用预测技术,对商品供求趋势、影响因素和变化所做的分析与判断。

②影响需求预测的因素是什么呢?其实对企业产品或服务的实际需求是市场上众多作用的结果,其中有些因素是企业可以影响,甚至可以决定的,而另外一些因素是企业无法控制的。一般来讲,某产品或服务的需求取决于该产品或服务的市场容量以及该企业所拥有的市场份额,即市场占有率。图3.3给出了影响需求的各种因素。其中,用曲线圈起来的因素是企业努力可以做到的。在众多因素中,我们主要介绍下面这个因素:商业周期从复苏到高涨到衰退再到萧条,周而复始。处于不同的阶段,需求不同。产品生命周期是指任何成功的产品都有导入期、成长期、成熟期和衰退期四个阶段。这四个阶段对产品的需求是不同的。在导入期,顾客对产品了解得不多,销售量不会很大,但呈逐步上升趋势。到了成长期,产品需求急剧上升,一般会出现仿制品,影响销售量上升的速度。到了成熟期,每个希望拥有某种产品的人都能够买到这种产品,销售量达到最高点。到了衰退期,产品销售量下降,若不进行更新换代或改进,产品就不会有销路。

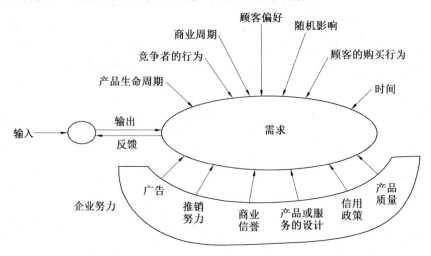

图3.3 影响需求的因素

(5)社会预测

社会预测是对社会未来的发展状况的预计和推测。比如人口预测、人们生活方式变化预测和环境状况预测等。

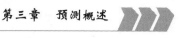

2. 预测的类型

按照不同标准可将预测分为不同的类型,常见的分类方法有:

(1)按预测时间的长短分类

①长期预测。长期预测是指对 5 年或 5 年以上的需求(发展)前景的预测。它是企业长期发展规划、产品开发研究计划、投资计划以及生产能力扩充计划的依据。长期预测一般是利用市场调研、技术、经济、人口统计等方法,加上综合判断来完成的,其结果大多是定性的描述。

②中期预测。中期预测是指对一个季度以上两年以下的需求(发展)前景的预测。它是制订年度生产计划、季度生产计划、销售计划、生产与库存预算、投资和现金预算的依据。中期预测可以通过集体讨论、时间序列法、回归法、经济指数相关法等方法结合判断而做出,是定性与定量相结合的预测方法。

③短期预测。短期预测是指以日、周、旬、月为单位,对一个季度以下的需求(发展)前景的预测。它是调整生产能力、采购、安排生产作业计划等具体生产经营活动的依据。短期预测可以利用趋势外推、指数平滑等方法与判断的有机结合来进行。

也有人将预测分为四类,分别为长期预测(5 年以上),中期预测(1 年以上 5 年以下),短期预测(3 个月以上 1 年以下)和近期预测(3 个月以下)。

事实上,不同的领域,划分的标准也不一样,如气象部门,不超过 3 天的为近期预测,1 周以上的为中期预测,超过 1 个月的就是长期预测。我们介绍的分类方法是企业中常用的方法。

(2)按预测的要求分类(按主客观因素所起作用或预测方法的性质分类)

①定性预测。定性预测也称判断预测或主观预测,是指参加预测的人员根据自身的丰富经验和通过各种渠道掌握的情报材料,预测未来的结果。预测的目的主要在于判断事物未来发展的性质和方向,也可以在情况分析的基础上提出粗略的数量估计。定性预测的准确程度,主要取决于预测者的经验、理论、业务水平以及掌握的情况和分析判断能力。这种预测综合性强,需要的数据少,能考虑无法定量的因素。在数据不多或者没有数据时,可以采用定性预测,定性预测与定量预测相结合,可以提高预测的可靠程度。

②定量预测。本书所介绍的定量预测也称统计预测,是指一组数学规则(模型)应用于历史数据序列,以预测未来结果。其主要特点是利用统计资料和数学模型来进行预测。定量预测和统计资料、统计方法有密切关系。常用的定量预测方

法有时间序列预测和因果分析预测等。

定量预测的优点在于,以调查统计资料和信息为依据,考虑事物发展变化的规律和因果关系,建立数学模型,可以对事物未来发展前景进行科学的定量分析;定量预测的缺点在于,不能充分考虑定性因素的影响,而且要求外界环境和各种主要因素相对稳定,当外界环境或某些主要因素发生突变时,定量预测结果就会出现较大的误差。

为了使预测结果比较切合实际,提高预测质量,为决策和计划提供可靠的依据,通常是将两种预测方法相结合,将定性预测结果和定量预测结果进行比较和核对,分析其中产生差异的原因,并根据经验进行综合判断。利用定性分析对定量预测结果进行必要的修正和调整,才能取得良好的效果。

(3)按预测的范围或层次不同分类

①宏观预测。宏观预测是指对国家、部门或地区的活动进行的各种预测。它以整个社会经济发展的总图景作为考察对象,研究经济发展中各项指标之间的联系和发展变化。如对全国各地区社会再生产各环节的发展速度、规模和结构的预测;对社会商品总供给、总需求的规模、结构、发展速度和平衡关系的预测。又如预测社会物价总水平的变动,研究物价总水平的变动对市场商品供应和需求的影响等。宏观经济预测,是政府制订方针政策、编制和检查计划、调整经济结构的重要依据。

②微观预测。微观预测是针对基层单位的各项活动进行的各种预测。它以企业或农户生产经营发展的前景作为考察对象,研究微观经济中的各项指标之间的联系和发展变化。如对商业企业的商品购、销、调、存的规模,构成变动的预测;对工业企业所生产的具体商品的生产量、需求量和市场占有率的预测等。微观经济预测,是企业制订生产经营决策、编制和检查计划的依据。

宏观预测与微观预测之间有着密切的联系,宏观预测应以微观预测为参考;微观预测应以宏观预测为指导,二者相辅相成。

(4)按预测是否考虑时间因素分类

①静态预测。静态预测是指不包括时间变动因素,对事物在同一时期的因果关系进行预测。

②动态预测。动态预测是指包括时间变动因素,根据事物发展的历史和现状,对其未来发展前景所做出的预测。

我们以研究动态预测方法为主,除一元线性回归分析方法,既可用于动态又可用于静态预测,其余的都是动态预测方法。

3. 预测的方法

预测方法有很多,归纳起来可分为两大类,即定量预测方法和定性预测方法。它们的定义与前面所讲的定量预测和定性预测是同一个概念。

（1）定性预测方法的特点

定性预测方法的特点是简单明了,不需要数学公式,它的依据是不同的主观意见,主要包括德尔菲法、部门主管集体讨论法、用户调查法、销售人员意见法等。

（2）定量预测方法的特点

定量预测方法也称统计预测法,也有的称其为分析预测法。其主要特点是利用统计资料和数学模型来进行预测。然而,这并不意味着定量方法完全排除主观因素,相反,主观判断在定量方法中仍起着重要的作用,只不过与定性方法相比,各种主观因素所起的作用相对较小。定量预测方法可分为时间序列模型和因果模型等,各种模型还可进一步细分。

传统的预测方法类型如图3.4所示。

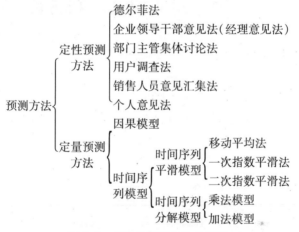

图 3.4　传统的预测方法的类型

定量预测方法中的时间序列模型和因果模型都依赖于准确的、定量的数据。但是,如果一个组织推出一种全新的产品,它没有过去的数据可以用来预测未来,也不知道会有什么外部影响会影响需求。在该组织没有可供定量方法使用的数据时,唯一的可能就是采用定性预测方法,它依赖于主观的观点或意见。

上述关于预测方法的分类并不意味着各种方法是相互独立的,只能单独使用。经理人员应该统观所有可用的信息,然后决定什么方法会最有效。这意味着任何预测方法都需要经过主管的考虑(图3.5)。

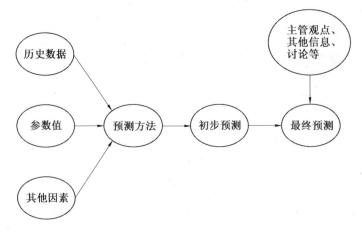

图 3.5   预测的总体方法

第三节   预测的精度和价值

1. 预测的精度

（1）时间序列

定量预测往往要考虑时间序列。时间序列是一系列定期观察值,是按一定的时间间隔和事件发生的先后顺序排列起来的数据构成的序列。例如,每一天报纸的销量、每周的产量、每月工作的班次、每季度的利润额、年降雨量、十年的人口报告等都是时间序列。时间序列的变化受许多因素的影响,概括而言,可以将影响时间序列的因素分解为四种,即长期趋势、季节变动、周期变动和随机变动。

①长期趋势。长期趋势反映了市场现象在一个较长时间内的发展方向,它可以在一个相当长的时间内表现为一种近似直线的持续向上、持续向下或平稳的趋势,如年降雨量(或人均国民生产总值)。

②季节变动。季节变动是指市场现象受季节变更的影响所形成的一种长度和幅度固定(有规律)的周期波动,如饮料的周销售量。

③周期变动。周期变动是指在较长的时间里受到各种因素的影响,围绕着趋势而形成的上下起伏不定的波动,也称循环变动。

④随机变动。随机变动是指受各种偶然因素或不可控因素所形成的不规则波动,故也称不规则波动。

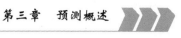

（2）干扰

如果观察值仅仅呈现这些简单的趋势,那么我们的预测将不成问题。遗憾的是,在实际观察值与其所呈现的趋势之间总存在差别。这些差别作为随机干扰因素使实际观察值有偏离内在趋势的超常或例外情况。比如一个常数序列,并非总是取得完全相同的数值,但经常是相近的数值。所以:200,205,194,195,208,203,200,193,201,201 是一个均值为 200,有超常干扰的常数序列(随机变动)。

干扰是由多种因素引起的一种完全随机的作用。这些因素包括客户需求的变化,员工工作时数的变化,工作速度的变化,天气状况的变化以及质量检验退回比率的变化等。干扰增加了预测工作的难度。如果干扰作用不大,那么我们就可以做出相对较好的预测,但是,如果有许多干扰冲击内在趋势,那么预测就会相当困难。

（3）预测误差

正因为有干扰,所以预测中就总存在误差。预测误差是指预测值与实际值之间存在差别。通过对这些误差的测量,我们可以探寻:如何计量预测的准确性;如何使误差最小;说明我们预测的可信度有多大;控制预测过程,避免出现严重偏差;比较不同的预测方法等。

（4）预测精度的评价指标

预测精度一般指预测结果与实际情况相一致的程度,误差越大,精度就越低,因此,通常由误差指标反映预测精度。误差有正、有负,当预测值大于实际值时,误差为正,反之为负。平均误差是评价预测精度、计算预测误差的重要指标,它常被用来检验预测与历史数据的吻合情况,同时,也是判断预测模型能否继续使用的重要标志之一,在比较各个模型谁优谁劣时,也通常用到平均误差。评价预测精度常用下面四种评价指标。

①平均绝对偏差（mean absolute deviation,MAD）

$$\text{MAD} = \frac{\sum_{t=1}^{n} |A_t - F_t|}{n}$$

式中,A_t 为实际值;F_t 为预测值;n 为预测期内时段个数(或预测次数)或观察期。

平均绝对偏差的含义很明确:比如说如果 MAD 为 2.5,则说明预测值与实际需求值的平均差距为 2.5。数值越大,说明预测越不准确。

②平均平方误差（mean square error,MSE）

$$\text{MSE} = \frac{\sum_{t=1}^{n} (A_t - F_t)^2}{n}$$

式中的符号含义与MAD相同。

平均平方误差并没有一个明确的含义,但对于一些统计分析来讲,它也具有一定的意义。同时,与平均绝对偏差一样,平均平方误差数值越大,预测越不准确。

③平均绝对百分误差(mean absolute percentage error, MAPE)

$$\text{MAPE} = \left(\frac{100}{n}\right) \sum_{t=1}^{n} \left| \frac{A_t - F_t}{A_t} \right| = \frac{100}{n} \sum_{t=1}^{n} \frac{|A_t - F_t|}{A_t}$$

MAD, MSE与MAPE类似,虽然可以较好地反映预测精度,但无法衡量无偏性。

④平均预测误差(mean forecast error, MFE)(也称误差均值)

$$\text{MFE} = \frac{\sum_{t=1}^{n} (A_t - F_t)}{n}$$

$\sum_{t=1}^{n} (A_t - F_t)$ 被称为预测误差滚动和(running sum of forecast errors, RSFE),如果预测模型是无偏差的,那么RSFE应该接近零,即MFE接近零。因而它反映了预测值的偏差状况(因此MFE能很好地衡量预测模型的无偏性)。如果误差均值是一个正值,说明预测值偏低;如果误差均值是一个负值,说明预测值偏高。但它无法反映预测值偏离实际值的程度。也就是说,误差均值并不能真正度量预测的准确性,这也是它的缺点所在。如果要计算表3.1中的预测误差均值,则有

$$\text{MFE} = \frac{100 + 200 + 300 - 600}{4} = 0$$

表3.1　误差均值计算

t	1	2	3	4
A_t	100	200	300	400
F_t	0	0	0	1 000

如果要计算表中的误差均值,则为

$$\frac{100 + 200 + 300 - 600}{4} = 0$$

由此可以说明,这一度量的一个缺点是正的误差和负的误差会相互抵消,从而,精确性很差的预测都可能使误差均值很小。从上面的例子可以看出,需求趋势非常明显,但预测值也是明显地不尽如人意。

MAD, MSE, MAPE, MFE是几种常用的衡量预测误差的指标,但任何一种指标

都很难全面地评价一个预测模型,在实际应用中常常将它们结合起来使用。

例 3.1　计算表 3.2 中的预测值的 MAD,MSE,MAPE 和 MFE。

表 3.2　预测值的 MAD,MSE,MAPE 和 MFE 误差的计算

实际值	预测值	偏差	绝对偏差	平方误差	百分误差	绝对百分误差
(A)	(F)	$(A-F)$			$100(A-F)/A$	100
120	125	−5	5	25	−4.17	4.17
130	125	+5	5	25	3.85	3.85
110	125	−15	15	225	−13.64	13.64
140	125	+15	5	225	10.71	10.71
110	125	−15	15	225	−13.64	13.64
130	125	+5	5	25	3.85	3.85
		−10	60	750		49.86

解

$$n=6$$

$$\mathrm{MAD}=\frac{60}{6}=10$$

$$\mathrm{MSE}=\frac{750}{6}=125$$

$$\mathrm{MAPE}=\frac{49.86}{6}=8.31$$

$$\mathrm{MFE}=-\frac{10}{6}=-1.67$$

例 3.2　友谊宾馆预测了一周所需的房间数。将其与实际订房数对比,则 MAD,MSE,MFE 是多少? 这些平均误差意味着什么?

解　第一天的误差为 20−19＝1,第二天的误差为 34−31＝3,……,详细计算结果见表 3.3。则有 MAD＝2.14,MSE＝5.86,MFE＝−1。

−1 意味着宾馆预测的房间需要数比实际所需要的多一间;2.14 意味着每天预测订房数与实际订房数平均相差 2.14 间。5.86 没有这类实际的含义。

表 3.3　友谊宾馆所需房间数的预测及预测误差

t	1	2	3	4	5	6	7
A_t	20	34	39	35	22	15	11
F_t	19	31	43	37	25	16	12
误差	1	3	−4	−2	−3	−1	−1

2. 预测的价值

预测精度是预测质量的体现,涉及预测过程各环节的工作质量、误差产生的原因和如何改进等方面的问题,因些是一个过程性的概念。我们对预测精度和价值应当有全面的认识。

一般来说,对于人们难以控制的事物或现象,预测的精度越高,其价值就越大,如气象预测、地震预测等。人类可以根据科学预测的结果采取应对措施,趋利避害。

对于一些部分可控的事物,就不能按照预测的精度或预测是否成为事实来衡量其价值。这类预测通常称为非事实性预测。所谓非事实性预测,是指预测具有引导人们去"执行"预测结果的功能,人们行动的"合力"反过来影响预测结果能否实现。由于经济活动是由具有主观意识的人能动地进行的,经济预测结果公布以后,人们从各自的利益出发,采取相应的措施,趋利避害,因而经济预测常常带有非事实性预测的特征。按照对预测结果的影响效应,非事实性预测可以分为自实现预测和自拆台预测两种。

比如,一位著名经济学家做出美国 2024 年将出现经济萧条的预测,如果这一预测被广泛流传和接受,那么公众合理的反应就是偿清一切债务,出售一切存货等,这种行为无疑会加速萧条的到来。这就是自实现预测的效应。

再比如,某预测咨询机构预测未来三年内某种产品因"供需缺口",市场价格将上涨 15% ~ 20%。这个结果引起生产厂家的注意,他们便想方设法挖掘生产能力,有的还增加投资,扩大生产能力。结果是有效地增加了该产品的供给,价格不仅没有上涨,反而略有下跌,这就是自拆台预测的效应。

实际经济生活中极端情形的自实现预测是:只要做出了这样的预测,其结果就会自动实现,而原来的预测不必是正确的;极端情形的自拆台预测是:只要做出了这样的预测,其结果就会自动失败,尽管原来的预测是正确的。

在大多数情况下,决策者们行动的合力部分地影响了预测结果的实现,造成经济预测不同程度地含有自实现或自拆台的成分。这时,预测信息作为决策的输入信息起作用,但人们行动的结果却使得预测结果的准确度难以衡量。如何认识和解决这一问题呢?理论界比较一致的观点是,此时应当强调预测过程中各环节工作正确性的鉴别。只有各环节的工作都正确无误,那么其结果作为决策的输入信息才能正确引导人们的行动,在"自实现预测"的效应下,才不致产生误导和偏颇;在"自拆台预测"的效应下,虽然实际值与预测值有偏差,但预测仍是可信的,是有作用的。

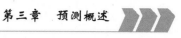

我们认为,对预测过程各环节工作的正确性进行鉴别是十分必要的,但各环节的工作正确与否难以用统一的客观标准来衡量。

对"非事实性预测"特别明显的经济现象,应当开展"多值预测",即预测人们可能采取的行动,针对不同的可能情况给出不同的预测结果,或者进行"跟踪预测",即预测人们可能采取的行动并根据情况不断修正原先的预测值。这样,不仅保证了预测结果准确度的客观衡量,而且还直接增强了预测的科学性,提高了预测的社会价值。

第四章 定性预测方法

第一节 引 言

1. 定性预测方法的优缺点

（1）优点

定性预测方法的优点在于：

①具有一定的科学性。可利用有关人员的丰富经验、专门知识和方法及掌握的实际情况，综合考虑定性因素的影响，进行比较切合实际的预测。从某种意义上讲，预测质量的高低不仅取决于预测方法的科学性，更重要的是取决于预测者的经验和悟性。

②适用范围广，注重事物发展在性质方面的预测。比较简单易行，灵活性高。预测结果真实可靠，准确性较高。

③预测高效、成本低、时效性强。

④当市场需求变化模糊不清，错综复杂，缺少数据资料难以进行定量预测分析等情况时，可以充分发挥定性预测方法所具有的独特预测功能，进行群体智慧预测，做出正确的符合实际的推断和估测。

（2）缺点

定性预测方法的缺点在于：

①进行预测时受主观因素影响较大，预测者本身由于工作岗位不同，掌握的情况不同，理论水平与实践经验各异，往往会过分乐观而估计过高，或偏于保守而估计过低，对同一问题不同人会做出不同的判断，得出不同的结论。

②缺乏对事物发展在数量上的精确描述，尤其对于复杂的、大量的数量变动关系，是难以单凭人脑记忆进行判断的。

2. 定性预测方法的发展

定性预测方法是一种非模型预测方法，是基于预测者的主观看法而做出的结论。这种方法依赖预测者所具备的业务知识、经验和综合分析能力，以及所掌握的历史资料和直观材料,对事物发展的趋势、方向和重大转折点进行估计和推测。这种方法在社会经济生活中应用广泛,特别是在预测对象的历史数据缺乏,信息难以量化,影响因素难以分清主次,或其主要因素难以用数学表达式模拟情况下的预测。

随着数字化时代的发展,现代预测技术和手段不断涌现,有人认为单凭个人的主观经验进行预测已经不能满足预测技术发展的需要,还有人认为,在现代预测方法中,只有定量预测才是科学的,通过数学模型计算出的预测结果才是可信的,在实践中排斥定性预测方法的应用。

上述两种观点都带有一定的片面性,定性预测方法虽然是一种较为传统的预测方法,但随着社会经济的不断发展和完善,已经突破了传统定性预测方法的局限性,而发展成现代定性预测方法,使之更加具有时代特征、更完善、更实用、更科学。

现代的定性预测方法,不仅仅依靠预测者(包括个人与群体)凭借经验进行判断,更是依靠掌握现代经济理论、数字化技术、先进的预测方法的预测者,遵循预测原则和程序,按照所形成的一整套科学的预测方法,在定性预测过程中,大量使用数学工具进行统计分析,将定性分析和定量分析有机地结合起来,使预测结果更科学、更准确,减少由于主观、片面所带来的局限性。

现代定性预测方法在需求预测中扮演着重要且不可替代的角色,具有明显的数理统计特征。它们被广泛应用于各种场景,例如,公司推出新产品、医疗组织考虑器官移植方案、工厂开发新电池作为汽车能源,以及董事会考虑未来25年工厂的运营等。在这些情况下,由于缺乏相关的历史数据,无法采用定量分析方法,必须依靠判断法进行预测。

本章主要介绍几种常用的定性预测方法,包括德尔菲法、企业领导干部意见法、部门主管集体讨论法、用户调查法、销售人员意见汇集法和个人判断法等。

第二节 定性预测方法分析

1. 德尔菲法

德尔菲是 Delphi 的中文译名。Delphi 是一处古希腊遗址,是传说中阿波罗神殿的所在地。由于传说中的阿波罗有着非凡的预测未来的能力,故德尔菲成了预言家的代名词。

德尔菲法是20世纪40年代末由美国兰德公司首创和使用的一种定性预测方法,在西方非常流行。经过多年的实践,已证明这种方法非常有价值,尤其适用于长期性和战略性重大问题的预测。

德尔菲法是专家会议预测法的一种发展,是指按规定的程序,采用函询的方式,依靠分布在各地的专家小组背对背地做出判断分析,来征求专家们的意见。预测领导小组对每一轮的意见都进行汇总整理,作为参考资料再发给每位专家,供他们分析判断,提出新的论证。如此多次反复,专家的意见渐趋一致,结论的可靠性越来越大。

(1)德尔菲法的预测过程

①确定预测主题,归纳预测事件。预测主题就是所要研究和解决的问题,包括对本单位、部门、地区或国家今后的发展有重要影响而又有意见分歧的问题。一个主题可以包括若干个事件,事件是用来说明主题的重要指标。经典的德尔菲法要求应邀参加预测的专家围绕预测主题,提出应预测的事件,根据预测要求编制预测事件调查表。确定预测主题和归纳、提出预测事件是德尔菲法的关键一步。

②挑选专家。德尔菲法所要求的专家,应当是对预测主题和预测问题有比较深入的研究、知识渊博、经验丰富、思路开阔、富于创造性和判断力的人。专家可以是企业内的,也可以是企业外的见识广博的专家。人数多少根据预测课题的大小而定,一般需20人左右,整个过程是以函询的形式或派人与专家联系,专家与专家之间是背对背的。

③第一轮函询调查。一方面向专家寄去预测目标的背景材料,另一方面提出预测的具体项目。首轮调查,任凭专家回答,完全没有框框。专家可以以各种形式回答,也可以向预测单位索取更详细的统计资料。预测单位对专家的各种回答进行综合整理,把相同的事件、结论统一起来,除去次要的、分散的事件,用准确的语言进行统一的描述,然后再将结果反馈给各位专家,进行第二轮函询。

④第二轮函询。要求专家对所预测目标的各种有关事件发生的时间、空间、规模大小等提出具体的预测,并说明理由。预测单位对专家的意见进行处理,统计出每个事件可能发生日期的中位数,然后再次反馈给有关专家。

⑤第三轮函询。第三轮函询是各位专家再次得到函询综合统计报告后,对预测单位提出的综合意见和论据加以评价,修正原来的预测值,对预测目标重新进行预测。

上述步骤,一般经过三至四轮,预测的主持者便要求各位专家根据所提供的全部预测资料,提出最后的预测意见,若这些意见集中或基本一致,即可以此为根据做出判断。

在每一轮反馈过程中,专家们都有机会比较一下他人的不同意见,然后写出自己的意见,如果坚持自家的意见,可以进一步说明理由。

（2）德尔菲法的特点

①优点。德尔菲法是在专家会议的基础上发展起来的一种预测方法。其主要优点是简明直观，预测结果可供计划人员参考，受到计划人员的欢迎。由于预测过程要经历多次反复，并且从第二轮预测开始，每次预测时专家们都能够从背景资料上了解别人的观点，所以专家们在决定是否坚持自己的观点，还是修正自己的预测意见，需要经过周密的思考。在多次思考过程后，专家们已经不断地提高了自己观点的科学性，在此基础上得出的预测结果，其科学成分、正确程度必然较高。避免了专家会议的许多弊端。在专家会议上，有的专家崇拜权威，跟着权威一边倒，不愿发表与权威不同的意见；有的专家随波逐流，不愿公开发表自己的见解。德尔菲法是一种有组织的咨询，在资料不全或不多的情况下均可使用。

②缺点。德尔菲法虽有比较明显的优点，但同时也存在着缺点。例如，专家的选择没有明确的标准，选择专家时就容易出现差错。专家的预测通常建立在直观的基础上，缺乏理论上的严格论证与考证，预测结果往往是不稳定的。预测精度取决于专家的学识、心理状态、智能结构、对预测对象的兴趣程度等主观因素的影响，预测的可靠性缺乏严格的科学分析，最后趋于一致的意见，仍带有随大流的倾向。

为了克服上述缺点，我们可以采取以下措施。

第一，向专家说明德尔菲法的原理，使他们对这种方法的特点有比较清楚的了解。

第二，尽可能详尽地为专家提供与调研项目有关的背景材料。

第三，请专家将自己的判断结果分为最高值、一般值、最低值等不同程度，并分别估计其概率，以保证整个判断的可靠性，减少轮回次数。

第四，在第二轮反馈后，只给出专家意见的极差值，而不反馈中位数或算术平均数，避免发生简单求同的现象。

（3）德尔菲法的原则

德尔菲法就是为了克服个人判断法和专家会议法的局限性，尽可能消除人的主观因素的影响而创立的，在使用德尔菲法时必须坚持以下三条原则。

①匿名性。对被选择的专家要保密，不让他们彼此通气，使他们不受权威、资历等方面的影响。在实施德尔菲法的过程中，应邀参加预测的专家互不相见，只与预测领导小组成员单线联系，消除了不良心理因素对专家判断客观性的影响。由于德尔菲法的匿名性，使得专家们无须担心充分地表达自己的思想会有损于自己的威望，而且也使得专家的思想不会受口头表达能力的影响和时间的限制。因此，德尔菲法的匿名性有利于各种不同的观点得到充分的发表。

②反馈性。一般的征询调查要进行三至四轮,要为专家提供充分反馈意见的机会。预测机构对每一轮的预测结果做出统计、汇总,并提供有关专家的论证依据和资料,作为反馈材料发给每一位专家,供下一轮预测时参考。专家们从多次的反馈资料中进行分析选择,参考有价值的意见,深入思考,反复比较,从而更好地提出预测意见。

③收敛性。为了科学地综合专家们的预测意见和定量表示预测的结果,德尔菲法采用统计方法对专家意见进行处理,专家意见逐渐趋于一致,预测值趋于收敛。经过数轮征询后,专家们的意见相对集中,趋向一致,若个别专家有明显的不同观点,应要求他详细说明理由。

在德尔菲法中,不能忽视主持人的作用,同时,主持人在每一次收集、整理每位预测专家的意见时,一般采用统计分析法。

(4)主持人所采用的统计分析法

①中位数法。排序后处于中间位置上的值,如图 4.1 所示,可利用式(4.1)进行计算,不受极端值的影响,主要用于顺序数据,也可用于数值型数据,但不能用于分类数据,各变量值与中位数的离差绝对值之和最小,即

$$\sum_{i=1}^{n} \mid x_i - M_e \mid = \min$$

$$中位数位置 = \frac{n+1}{2} \tag{4.1}$$

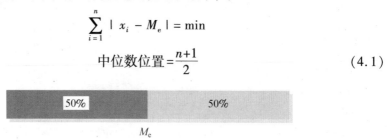

图 4.1　中位数位置图

②四分位数。排序后处于 25% 和 75% 位置上的值,如图 4.2 所示,可利用式(4.2)进行计算,不受极端值的影响,主要用于顺序数据,也可用于数值型数据,但不能用于分类数据。

图 4.2　四分位数位置图

$$\begin{cases} Q_L \text{ 位置} = \dfrac{n}{4} \\ Q_U \text{ 位置} = \dfrac{3n}{4} \end{cases} \tag{4.2}$$

某项新工艺的普遍采用时间,通常可以使用数值型数据来表示,并常用中位数的上、下四分点来反映其分布情况。中位数是指将各专家对预测目标的数值预测按大小顺序排列,然后选择居于中间位置的数值作为数据集中的一种特征表示。

当整个数列的数目为奇数时,中位数只有一个;当整个数列的数目为偶数时,中位数则为数列中间位置两个数的算术平均值。中位数代表专家预测意见的平均值,一般以它作为预测结果。把各位专家的预测结果,按其数值的大小(如按预测所得事件发生时间的先后次序)排列,并分成四等份,则处于中间位置的时间叫中位数,先于中位数的等分点叫下四分点,后于中位数的等分点叫上四分点。通常中位数表示实现时间的预测值。用上、下四分点表示专家意见的分散程度。数列上、下四分点的数值,表明预测值的置信区间。置信区间越窄,即上、下四分点间距越小,说明专家们的预测意见越集中,用中位数代表预测结果的可信程度就越高。

当预测结果需要用数量或时间表示时,专家们的回答会形成一个可比较大小的数据系列或按时间顺序排列的数据。常用中位数和上、下四分点的方法处理专家们的答案,求出预测的期望值和区间。

例 4.1　某部门采用德尔菲法预测某项目发明实现工业生产的时间。有 15 位专家在最后一轮的预测值分别是(按从前到后的顺序排列)(单位:年):

2022　2023　2024　**2024**　2024　2026　2027　**2028**　2028　2028　2029
　　　　　　　　下四分点　　　　　　　　　　中位数

2030　2032　2034　2034
上四分点

解　整个数列的数目为 15,是奇数。所以中位数是第 8 位数,为 2028 年。上、下四分点分别为第 4 位数和第 12 位数,分别为 2024 年和 2030 年。所以预测的期望值为 2028 年,预测结果表明该项发明将于 2028(2024—2030)年实现工业化生产。

运用四分点法描述专家们的预测结果,则中位数表示专家们预测的协调结果(即期望值),上、下四分点表示专家们意见的分散程度和预测区间。但是,预测结果是以中位数为标志,完全不考虑偏离中位数较远(上、下四分点以外)的预测意见,有时可能漏掉了具有独特见解的有价值的预测值。

例 4.2　10 个家庭的人均月收入数据分别为 1 500,750,780,1 080,850,960,2 000,1 250,1 630,660,请确定中位数位置及数值。

解　第 1 步,从大到小对数据进行排序。

排序:660 750 780 850 960 1 080 1 250 1 500 1 630 2 000

第2步,用阿拉伯数字确定数据的位置。

排序: 660 750 780 850 960 1 080 1 250 1 500 1 630 2 000
位置: 1   2   3   4   5   6   7   8   9   10

第3步,计算中位数位置及数值

$$位置 = \frac{n+1}{2} = \frac{10+1}{2} = 5.5$$

$$数值 = \frac{960+1\ 080}{2} = 1\ 020$$

第4步,各方案占全部方案的处理。专家预测的结果可能实现多个方案,要进行比较,可请专家对这些判断分别打分,并将其汇总,就可以计算出各方案所占的比重,比重最大的方案就是意见最集中的方案

$$其方案比重 = \frac{该方案总分}{全部方案总分}$$

最后,多种方案择优选一的处理。可根据选择各方案的专家人数占参加预测的总人数的比值确定。

例4.3 专家的意见集中在 5 个方案上,要求专家择优选一(共有 40 位专家),其中选 1 方案 5 人,2 方案 19 人,3 方案 3 人,4 方案 11 人,5 方案 2 人,分别占专家总人数的 12.5% ,47.5% ,7.5% ,27.5% ,5% 。

显然,2 方案比重大,为最满意的方案。

2. 企业领导干部意见法(经理意见法)

企业领导干部意见法是由企业领导干部(厂长或企业经理)召集计划、销售、财务等部门的负责人开会,广泛地交换意见,听取他们对市场前景的看法,最后由厂长或经理对需求进行判断和预测。

企业领导干部意见法的优点是简便快捷。

企业领导干部意见法的缺点在于:带有偏向性,主要受企业领导干部的知识、判断能力等综合素质的影响。同时,有些领导在开会之前就已经有了框框,把此过程作为一种形式,并不听取他人的意见,且领导的水平又良莠不齐,那么预测结果就很难想象了。

3. 部门主管集体讨论法

部门主管集体讨论法通常由高级决策人员召集销售、生产、采购、财务、研究与开发等各部门主管开会讨论。与会人员充分发表意见,提出预测值,然后由召集人按照一定的方法,如简单平均或加权平均,对所有单个的预测值进行处理,即得预

测结果。

部门主管集体讨论法的优点有：①简单易行。②不需要准备和统计历史资料。③汇集了各主管的经验与判断。④如果缺乏足够的历史资料，此法是一种有效的途径。

部门主管集体讨论法的缺点有：①由于是各主管的主观意见，故预测结果缺乏严格的科学性。②与会人员间容易相互影响。③耽误了各主管的宝贵时间。④因预测是集体讨论的结果，故无人对其正确性负责。⑤预测结果可能较难用于实际。

4. 用户调查法

当对新产品或缺乏销售记录的产品的需求进行预测时，常常使用用户调查法。销售人员通过信函、电话、网络平台、访问等方式对现实的或潜在的顾客进行调查，了解他们对本企业相关产品及其特性的期望，再考虑企业的可能市场占有率，然后对各种信息进行综合处理，即可得到所需的预测结果。

用户调查法的优点有：①预测来源于顾客期望，能够较好地反映市场的需求情况。②可以了解顾客对产品优缺点的看法，也可以了解一些顾客不购买这种产品的原因，有利于企业改进与完善产品、开发新产品和有针对性地开展促销活动。

用户调查法的缺点有：①很难获得顾客的通力合作。②顾客期望不等于实际购买，而且其期望容易发生变化。③由于对顾客了解有限，调查时需耗费较多的人力和时间。

5. 销售人员意见汇集法

销售人员意见汇集法也称基层意见法，通常由各地区的销售人员根据其个人的判断或与地区有关部门(人士)交换意见并判断后做出预测。企业综合处理各地区的预测，由此得出整体预测结果。有时企业也将各地区的销售历史资料发给各销售人员作为预测的参考；有时企业的总销售部门还根据自己的经验、历史资料、对经济形势的估计等做出预测，并与各销售人员的综合预测值进行比较，以得到更加正确的预测结果。运用销售人员意见汇集法推断预测期望值常用下面的推定平均值法，赋予最可能预测值以最大的权值

$$推定平均值 = \frac{最乐观预测值 + 4 \times 最可能预测值 + 最悲观预测值}{6}$$

其中，最乐观预测值一般取最大预测值，最有可能预测值一般取中间预测值，最悲观预测值一般取最小预测值。

销售人员意见汇集法的优点有：①预测值很容易按地区、分支机构、销售人员、产品等区分开。②由于销售人员的意见受到了重视，增加了其销售信心。③由于

取样较多,预测结果较具稳定性。

销售人员意见汇集法的缺点有:①带有销售人员的主观偏见。②受地区局部性的影响,预测结果不容易正确。③当预测结果作为销售人员未来的销售目标时,预测值容易被低估。④当预测涉及紧俏商品时,预测值容易被高估。

6.个人判断法

个人判断法又称专家个人判断法,是以专家个人的知识和经验为基础,对预测对象未来的发展趋势及状态做出个人判断。这种方法是某一个人根据自己的判断做出的预测,而这个人必须熟悉相关领域的现状。这是最为广泛运用的一种预测方法,也是经理们应该力争避免的预测方法。

个人判断法的最大优点是能够最大限度地发挥专家微观智能结构效应,能够保证专家在不受外界影响、没有心理压力的条件下,充分发挥个人的判断力和创造力。但是,个人判断法是针对确定的预测对象征求某个专家或顾问的意见,在进行评估判断时,容易受到专家本人的知识面、知识领域、知识深度、资料占有量以及对预测问题是否有兴趣等因素所左右,并且缺乏讨论交流的氛围,难免带有片面性和主观性,容易导致预测结果偏离客观实际,造成决策失误。专家完全依赖于个人判断,包括他的观念、成见和盲点。预测的效果也许会很好,也许会很差。这一方法的主要不足是它的不可靠性。

7.各种方法的比较

上述各种定性方法适用于各种不同的环境条件。如果你想尽快得到答案,个人见解是最快和最便宜的方法,如果你想使预测更为可靠,也许应该采用顾客调查法或德尔菲法。表4.1列出了各种方法相比较的特征。

表4.1　各种定性预测方法相比较的特征

方法	精确性			成本
	短期	中期	长期	
德尔菲法	较好	较好	较好	稍高
企业领导干部意见法	差	差	差	低
部门主管集体讨论法	稍差	稍差	稍差	低
用户调查法	很好	好	可以	高
销售人员意见汇集法	差	稍好	稍好	中
个人判断法	差	差	差	低

第五章　定量预测方法

第一节　引　言

1. 定量预测的基础

实现定量预测的主要条件有三个：

①要有历史数据和统计资料。

②要在定性分析认识的基础上进行。

③要建立反映事物客观变化的数学公式或数学模型。

无论是应用曲线图外推，或是求解数学模型，均可获得定量预测的结果。定量预测要与定性预测相结合，尤其是对复杂事物的长期预测，千万不要把定量预测结果绝对化。

2. 定量预测方法的优缺点

（1）优点

①定量预测注重事物发展在数量方面的分析，更多地依据历史统计资料，较少受主观因素的影响。

②运用数理统计方法建立起来的数学模型具有较强的科学性，在历史数据和现实资料较完整的条件下，计算精确，节省人力、物力和财力。

（2）缺点

①定量预测比较机械，不易处理有较大波动的资料，更难于预测目标的变化。

②定量预测基于完整、系统、准确的数据资料为条件，在获得各种数据资料时，难度大、成本高。

③难以定量的问题，如人们的消费心理，社会文化习俗，员工之间的冲突等，数学模型不能将对其影响的难以量化的因素融入进去，虽计算过程是科学的，但预测结果未必是精确的。同时，也没必要将其抽象出来建立数学模型进行预测。

3. 定量预测方法的发展

定量预测方法是一种运用数学工具对事物规律进行定量描述，预测其发展趋势的方法。其基本特征是:高度重视数据资料的统计和定量分析;建立数学模型作为定量预测的依据。随着数学理论与方法的发展、电子计算机的应用,出现了各种各样的科学技术发展模型、经济发展模型和社会发展模型,大大丰富和发展了定量预测。同时,除了基于模型的预测方法,数据驱动、融合技术等也不断用于定量预测的研究中,从而提高了定量预测的精度,缩短了预测时间,节约了预测成本。

本章主要介绍进行需求预测时比较常用的定量预测方法——时间序列模型和因果模型,如图 5.1 所示。

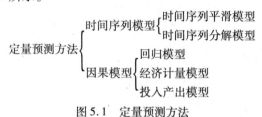

图 5.1 定量预测方法

微软的常规办公软件 Excel 功能强大,拥有数据分析、单变量求解和规则求解等工具,可以解决一些较为常见的简单预测、规划分析和优化问题。对于典型的预测问题,本章借助 Excel 软件来求解模型,并提供全部的 Excel 电子表格模型,非常便于学习和参考。

第二节 时间序列模型

时间序列(或称动态数列)是指将同一统计指标的数值按其发生的时间先后顺序排列而成的数列。时间序列分析的主要目的是根据已有的历史数据对未来进行预测。经济数据中大多数以时间序列的形式给出。根据观察时间的不同,时间序列中的时间可以是年份、季度、月份、周、天或其他任何时间形式。时间序列模型以时间为独立变量,利用过去需求随时间变化的关系来估计未来的需求。时间序列模型又可分为时间序列平滑模型和时间序列分解模型。

在使用时间序列模型时,存在这样一个假设:过去存在的变量间关系和相互作用机理,今后仍然存在并继续发挥作用。

稳定性和响应性是对时间序列预测方法的两个基本要求。稳定性是指抗拒随机干扰,反映稳定需求能力。稳定性好的预测方法有利于消除或减少随机因素的影响,适用于受随机影响较大的预测问题。响应性是指迅速反映需求变化的能力。响应性好的预测方法能及时跟上实际需求的变化,适用于受随机因素影响小的预测问题。

良好的稳定性和响应性都是预测追求的目标,然而对于时间序列模型而言,这两个目标是矛盾的,如果预测结果能及时反映实际需求的变化,那么它也将敏感地反映随机因素的影响。若要兼顾稳定性和响应性,则应考虑时间以外因素的影响,运用其他预测方法。所以,当随机因素少时,可以适当降低模型的稳定性,增加响应速度,使预测模型能够快速跟踪市场的变化。当随机因素多时,就要适当降低响应速度,增加稳定性,使预测模型减少由于随机因素引起的波动。预测模型的选择没有固定的模式,都带有一定的经验性,要根据预测实践而定。

1.时间序列平滑模型

(1)简单平均数法(simple average)

假如你打算外出度假,并想知道度假期间光照如何,那么一个简便的解决办法就是查一下往年的记录,并求平均值。如果你的假期是从5月1日开始的,那么你可以计算过去10年中,每年从5月1日开始的一段时间内,每天平均的光照时间,这里的预测采用的就是简单平均数法。

这是将过去实际需求进行简单平均,以平均数作为预测值,可用下式进行计算

$$SA_{t+1} = \frac{1}{n} \sum_{i=1}^{t} A_i \qquad (5.1)$$

式中,n 为观察期;t 为时间;A_i 为第 i 期的实际需求。

例5.1 根据表5.1的时间序列,采用简单平均数法计算第6期及第24期的需求预测值为多少?

表5.1 某时间序列

时间 t	1	2	3	4	5
序列1,A_i	98	100	98	104	100
序列2,A_i	140	66	152	58	84

解 对于时间序列1,有

$$SA_6 = \frac{1}{5} \sum_{i=1}^{5} A_i = 100$$

对于时间序列2,有

$$SA_6 = \frac{1}{5} \sum_{i=1}^{5} A_i = 100$$

尽管预测值相同,但显然第2个时间序列比第1个时间序列有更多的干扰。所以你会对第1个预测值更有信心,并认为该预测值的误差较小。

简单平均数法预测假定需求是一个常数变量,所以,第24期的预测值会与第6

期的预测值相同,为100。

运用简单平均数法预测需求简单易行,而且对于常数型的需求而言,预测的效果也不错。遗憾的是,如果需求趋势上有变动,那么早期的数据将会冲淡最新的变量取值,这会使预测值对出现的新变化反映极为迟钝。

假设对某物品的每周需求一直处于100个单位的常数型状态。简单平均数法预测得出第105周的需求预测值为100个单位。如果实际第105周的需求突然上升为200个单位,那么简单平均数法预测的第106周的需求为

$$100.95 = \frac{104 \times 100 + 200}{105}$$

实际需求增加100仅仅导致需求的预测值增加0.95。如果需求继续保持在200个单位的水平上,再往下几周的预测值分别为:101.89(第107周),102.80(第108周),103.70(第109周),…,179.96(第520周),具体的预测效果如图5.2所示。

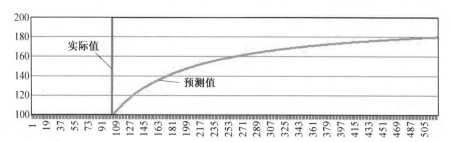

图5.2 需求突变时简单平均数法预测效果

可以看出,预测值在不断上升,但相对于需求的实际变化来讲,反应很慢。而在实际中,很少有时间序列在长时期中保持取值平衡的,所以,通常需要对各种变化更为敏感地预测。正因为简单平均数法只能用于常数型时间序列,所以应用并不广泛。

这种方法最突出的优点是运算简便,但当数据波动较大时,不能反映数据中高低点的特征和趋势,在观察期数据不存在明显升降趋势和季节性变动,才能采用这种方法。

如果需求保持不变,简单平均数法的预测效果也会不错。对于各种其他状况的需求,我们还须借助其他方法预测。

简单平均数法的问题在于过去的数据(也许已经过时)会冲淡新的、更为相关的数据。解决办法之一是忽略过去较久远的数据,而只用几个最近的数据预测。例如,我们可以只用过去12周平均的周需求量预测下一周的需求量。对于12周之前的数据我们不予考虑。这就是移动平均法的基本思路。

（2）简单移动平均法（simple moving average）

简单移动平均法利用靠近预测期的各期实际销售量来计算平均数,并把平均数作为预测期的预测值,是一种改良的算术平均法,适用于短期预测。当时间序列受到周期变动和不规则变动的影响较大,且不易显示出发展趋势时,可用简单移动平均法消除这些因素的影响,分析并预测序列的未来趋势。简单移动平均法是一种常用的预测方法,即使在预测技术层出不穷的今天,该方法由于简单仍不失其实用价值。简单移动平均法的基本思想是,每次取一定数量周期的数据进行平均,按时间顺序逐次推进。每推进一个周期就舍去前一个周期的数据,并增加一个新周期的数据,再进行平均。利用靠近预测期的各期实际销售量来计算平均数,并把平均数作为预测期的预测值。其特点是随着时间的推移,计算平均数所需的各个时期也要向后推移。简单移动平均值为

$$\text{SMA}_{t+1} = \frac{A_t + A_{t-1} + \cdots + A_{t-n+2} + A_{t-n+1}}{n} = \frac{1}{n} \sum_{i=t+1-n}^{t} A_i \tag{5.2}$$

式中,SMA_{t+1} 为 $t+1$ 期的预测值;A_i 为第 i 期的实际需求(销售量);n 为观察期,是计算简单移动平均值所选定的数据个数。以 n 期观察,根据实际情况来选择,一般有 3 期移动,4 期移动,5 期移动,6 期移动,7 期移动等;t 为时间。

例5.2　某企业2023年12个月的销售额如表5.2所示,分别取3期,5期,7期来计算各月的预测值。

表5.2　某企业 2017 年 12 个月的销售额　　　　单位:万元

月份	1	2	3	4	5	6	7	8	9	10	11	12
销售额	100	103	98	104	120	117	115	121	125	130	134	140
预测值（n = 3）	—	—	—	100	102	107	114	117	118	120	125	130
预测值（n = 5）	—	—	—	—	—	105	108	111	115	120	122	125
预测值（n = 7）	—	—	—	—	—	—	—	108	111	113	120	123

解　根据式(5.2),分别计算 3 期移动、5 期移动和 7 期移动的预测值,当 $n = 3$ 时,有

$$\text{SMA}_{t+1} = \frac{A_t + A_{t-1} + A_{t-2}}{3} = \frac{1}{3} \sum_{i=t-2}^{t} A_i$$

计算 4 至 12 月的销售量预测值,当 $n = 5$ 时,有

$$SMA_{t+1} = \frac{A_t + A_{t-1} + A_{t-2} + A_{t-3} + A_{t-4}}{5} = \frac{1}{5}\sum_{i=t-4}^{t} A_i$$

计算 6 至 12 月的销售量预测值,当 $n = 7$ 时,有

$$SMA_{t+1} = \frac{A_t + A_{t-1} + \cdots + A_{t-3} + A_{t-6}}{7} = \frac{1}{7}\sum_{i=t-6}^{t} A_i$$

计算 8 至 12 月的销售量预测值,各月销售额的预测值如表 5.2 所示。

从上面的计算结果和图 5.3 可以看出,n 的取值不同时对预测值也有较大影响。一般情况下,n 取值越大,预测值适应新的发展水平的时间就越长,说明其稳定性能好,但落后于可能发展水平;n 取值小,预测值较灵活地反映了实际趋势,说明其相应性好,适应新水平的时间短。

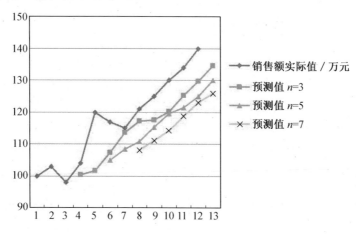

图 5.3　实际值与三种预测值的坐标图

例 5.3　表 5.3 给出了某产品上一年度的月需求情况,采用简单移动平均法,分别按 $n = 3,6$ 和 9 逐期做出预测。

表 5.3　某产品年度的月需求与预测结果　　　　　　单位:万元

月份	1	2	3	4	5	6	7	8	9	10	11	12
销售额	16	14	12	15	18	21	23	24	25	26	37	38
预测值 $n = 3$	—	—	—	14.00	13.67	15.00	18.00	20.67	22.67	24.00	25.00	29.33
预测值 $n = 6$	—	—	—	—	—	—	16.00	17.17	18.83	21.00	22.83	26.00
预测值 $n = 9$	—	—	—	—	—	—	—	—	—	18.67	19.78	22.33

解 当 $n = 3$ 时,有

$$\text{SMA}_{t+1} = \frac{A_t + A_{t-1} + A_{t-2}}{3} = \frac{1}{3}\sum_{i=t-2}^{t} A_i$$

即运用 3 期的简单移动平均法所能做的最早的预测是第 4 期。类似地,运用 6 期和 9 期简单移动平均法所能做的最早的预测分别是第 7 期和第 10 期。通过计算可以得到有关数据,如表 5.3 所示。

由图 5.4 可以看出,3 个月的移动平均预测对变化反映最强,而 9 个月的移动平均预测对变化的反映最弱。

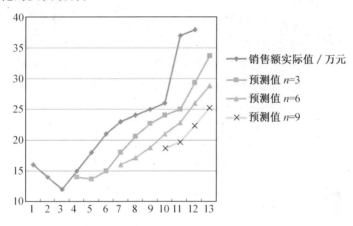

图 5.4 实际值与三种预测值的坐标图

简单移动平均法在预测季节变化非常明显的需求时是一个非常有用的方法。如果我们取 n 值等于一个季节中所包含的期数,移动平均数预测会完全消除实际数据的季节性特征。从例 5.4 可以得到验证。

例 5.4 一家控股公司的平均股票价格在过去 12 个月中的情况如表 5.4 所示。分别用 2,4 和 6 期的简单移动平均法逐月预测该公司的股票平均价格。

表 5.4 某公司过去 12 个月的平均股票价格与预测值 单位:元

月份	1	2	3	4	5	6	7	8	9	10	11	12
股票价格	100	50	20	150	110	55	25	140	95	45	30	145
预测值 $n = 2$	—	—	75	35	85	130	82.5	40	82.5	117.5	70	37.5
预测值 $n = 4$	—	—	—	—	80	82.5	83.8	85	82.5	78.8	76.3	77.5
预测值 $n = 6$	—	—	—	—	—	—	80.8	68.3	83.3	95.8	78.3	65

解　当 $n=2$ 时,有

$$\text{SMA}_{t+1} = \frac{A_t + A_{t-1}}{2} = \frac{1}{2}\sum_{i=t-1}^{t} A_i$$

即运用2期的简单移动平均法所能做的最早的预测是第3期。类似地,运用4期和6期简单移动平均法所能做的最早的预测分别是第5期和第7期。通过计算可以得到有关数据,如表5.4所示。

由图5.5可以明显看出,该公司的股票价格具有季节性特征,即每4个月有一次高峰。当 $n=2$ 和 $n=6$ 时,移动平均法的预测值反映了需求的波峰与波谷变化,但两者反映的时间却不对(两者的反映都滞后于实际需求)。正如所预期的,2期移动平均预测对变化的响应速度要远超过6期移动平均预测。而最有趣的是4期移动平均预测,预测值完全消除了原有数据的季节性特征。

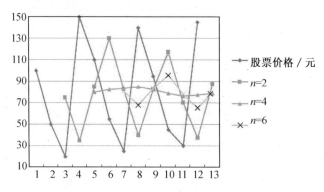

图5.5　移动平均计算的结果

从上面所有的实例中可以看出运用简单移动平均法进行预测时,预测值与所选的时段长 n 有关。n 越大,对干扰的敏感性越低,预测的稳定越好,响应性就越差。n 取大取小,应考虑资料的多少,同时应综合地考虑上述因素,选择适当的值。要得到一个合理的预测结果,我们就需要确定一个适中的 n 值,大约6期的 n 值在简单移动平均法中是经常采用的。

尽管简单移动平均法预测克服了简单平均数法预测所带来的问题,但它仍有三个不足:

① 所有过去的数据实际都有相同的权利。

② 该方法实际只适用于常数型需求,正如我们已经看到的,对于季节性需求它不是消除了季节性特征,就是弄错了季节性上升或下降的时间。

③ 为了更新预测值,需要积累大量的历史数据。

简单移动平均法只适合做近期预测,而且是预测目标的发展趋势变化不大的情况。

简单移动平均法预测依据最新的数据,并不考虑久远的数据。通过改变 n 值,可以调整预测对变化的敏感性。通过取 n 等于一个季节中包含的期数,可以消除时间序列的季节性变化特征。

我们应用Excel来进行简单移动平均法预测。微软Excel软件提供的分析工具库中有强大的数据分析功能工具。然而,以默认方式安装的Excel不会自动加载分析工具库,需要用户手动安装。安装分析工具库的操作步骤如下。

第1步:单击菜单"文件"中"选项"命令,在弹出的"Excel选项"对话框中单击"加载项"命令,弹出加载选项,选择"分析工具库",如图5.6所示。

图5.6　"Excel选项"对话框加载分析工具库

第2步:单击"Excel选项"中下方的"跳到"按钮,弹出"加载项"对话框,然后在"加载项"对话框中的"可用加载宏"列表框中勾选"分析工具库"复选框,如图5.7所示,然后单击"确定"按钮即可完成加载。

加载完成后,Excel的"数据"菜单中将出现"数据分析"命令,而且以后每次启动Excel时,分析工具库都会自动加载。当需要应用各种数据分析工具时,直接执行"数据"菜单中"数据分析"命令即可出现"数据分析"对话框,其操作方法如图5.8所示。

图 5.7 "加载宏"对话框

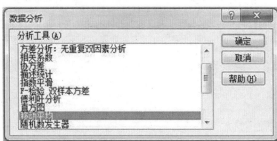

图 5.8 在"数据"菜单中显示"数据分析"命令

例5.5 某企业产品2022年各月销售量如表5.5所示。分别取 $n = 3, n = 4$ 和 $n = 5$，试用 Excel 求解简单移动平均模型预测值。

表5.5 某企业产品2022年各月销售额 单位:万元

月份	1	2	3	4	5	6	7	8	9	10	11	12
销售额	76	73	72	78	81	77	73	75	80	79	74	75

解 根据前面的理论知识，可以直接应用Excel计算移动平均，其中最后一个移动平均数即为2023年1月份销售额的预测值。由于Excel分析工具库中提供的"移动平均"工具计算十分方便，而且可以给出相应的图表，这里，对应用"移动平均"工具进行预测分析的使用方法加以介绍(以后各例只给出最终计算结果的界面)。

第1步:将要分析的数据输入到工作表中。

第2步:单击"数据"菜单中的"数据分析"命令,弹出"数据分析"对话框,如图5.8所示。

第3步：在"分析工具"列表框中选择"移动平均"工具，单击"确定"按钮，弹出"移动平均"对话框，如图5.9所示。

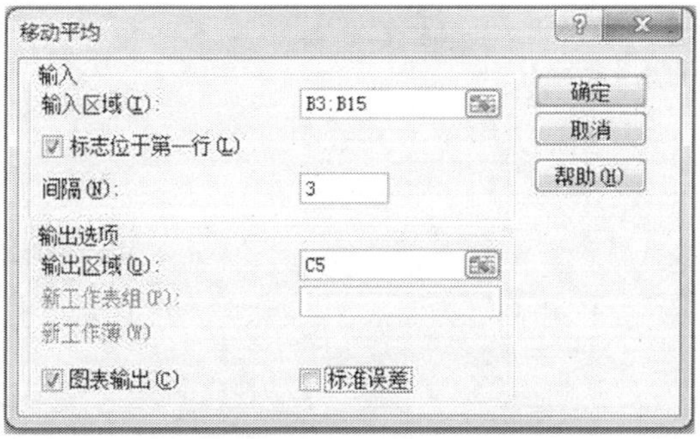

图5.9　"移动平均"对话框

第4步：指定输入数据的有关参数。

输入区域：指定要分析的统计数据所在的单元格区域B3：B15。

"标志位于第一行"复选框：本例中指定的数据区域包含标志行，所以应勾选该复选框；反之，则不勾选。

间隔：即观察期，也就是移动平均的项数，本例首先输入3（重复操作时分别输入4和5）。

第5步：指定输出的相关选项。

输出区域：本例输出区域首先选择C5（重复操作时分别选择D5和E5）。

"图表输出"复选框：如果勾选该复选框，那么在计算完成时自动绘制曲线图，本例勾选该复选框。

"标准误差"复选框：如果勾选该复选框，那么计算并保留标准误差数据，可以在此基础上进一步分析。本例不勾选该复选框。设置完毕，单击"确定"按钮，即可得计算结果（计算4月和5月移动平均只需重复上述操作即可）。应用Excel求解的结果如图5.10所示。

实际计算出的预测值是对下一时点的预测，比如当观察期 $n = 3$ 时计算出的值（73.67万元）应是对4月份的预测，最后一个值（76.00万元）应是对下一年第一个月的预测（即时点13）。所以，在选择输出区域时，应考虑"体现实际值与预测值之间的对应关系"。系统默认的对比"图表输出"的结果如图5.11（a）所示，而这实际上是有"问题"的，因为图5.11（a）中实际值和预测值是成对关系，这意味着3月份的预测值是73.67万元，12月份的预测值是76.00万元，显然这与移动平均方法的基本思想是不相符的。为此，需要对图5.11（a）进行修改，修改后的效果如

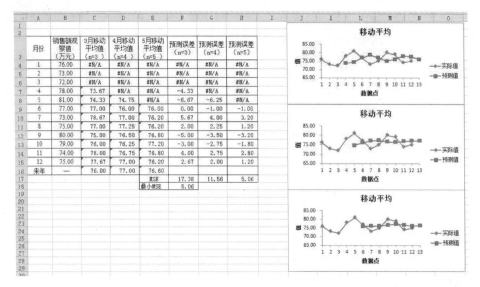

月份	销售额观察值(万元)	3月移动平均值(n=3)	4月移动平均值(n=4)	5月移动平均值(n=5)	预测误差(n=3)	预测误差(n=4)	预测误差(n=5)
1	76.00	#N/A	#N/A	#N/A	#N/A	#N/A	#N/A
2	73.00	#N/A	#N/A	#N/A	#N/A	#N/A	#N/A
3	72.00	#N/A	#N/A	#N/A	#N/A	#N/A	#N/A
4	78.00	73.67	#N/A	#N/A	-4.33	#N/A	#N/A
5	81.00	74.33	74.75	#N/A	-6.67	-6.25	#N/A
6	77.00	77.00	76.00	76.00	0.00	-1.00	-1.00
7	73.00	78.67	77.00	76.20	5.67	4.00	3.20
8	75.00	77.00	77.25	76.20	2.00	2.25	1.20
9	80.00	75.00	76.50	76.80	-5.00	-3.50	-3.20
10	79.00	76.00	76.25	77.20	-3.00	-2.75	-1.80
11	74.00	78.00	76.75	76.80	4.00	2.75	2.80
12	75.00	77.67	77.00	76.20	2.67	2.00	1.20
来年	—	76.00	77.00	76.60	MSE	17.38	11.56	5.06
					最小MSE	5.06		

图 5.10　应用 Excel 求解例 5.5 的界面

图 5.11(b) 所示。修改的方法为:在 Excel 中选中改图,单击右键并在弹出菜单中选择"选择数据",弹出"选择数据源"对话框,如图 5.12 所示;然后,在"图例项(系列)"选项卡中选择"预测值",单击"编辑"按钮,弹出"编辑数据系列"对话框,如图 5.13 所示;最后,在图 5.13(a) 中"系列值"栏里修改其值的区域,如图 5.13(b)所示。图 5.10 就是经过修改之后的结果。

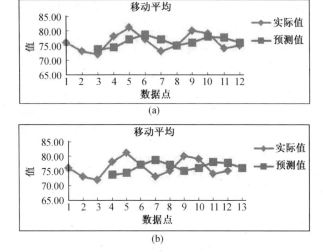

(a)

(b)

图 5.11　默认"图表输出"

图5.12 "选择数据源"对话框

(a)	(b)

图5.13 "编辑数据系列"对话框

预测时都希望模型的平滑能力强,以便在更好地消除随机干扰的同时又能使预测值对数据的变化反应灵敏,这样预测结果不会过于滞后。由于预测模型的稳定性和响应性是相互矛盾的,在生产运营实践中,最为有效的方法就是试算法,也就是说,可以选择不同的观察期进行计算,通过比较不同观察期计算结果的均方差,选择误差较小的观察期进行预测。

在本例中,可利用 Excel 中的公式和 SUMSQ 函数分别计算出 $n=3$, $n=4$ 和 $n=5$ 时的均方差,如图5.10所示。其中,F7,G8 和 H9 计算不同移动平均值的误差的计算公式分别为" $= C7 - B7$ "" $= D8 - B8$ "" $= E9 - B9$ ",然后各自复制填充至 F15,G15 和 H15;F17,G17 和 H17 单元格计算不同移动平均数的方差的计算公式分别为" $= \mathrm{SUMSQ}(F7：FF15)/\mathrm{COUNTA}(F7：F15)$ "" $= \mathrm{SUMSQ}(G8：G15)/\mathrm{COUNTA}(G8：G15)$ "和" $= \mathrm{SUMSQ}(H9：H15)/\mathrm{COUNTA}(H9：H15)$ "。由图5.10可知, $n=5$ 时方差最小(在单元格 C18 中输入求三个均方差最小值的计算公式" $= \mathrm{MIN}(F17：H17)$ "),所以选择观察期 $n=5$ 进行预测,即2023年1月的销售额预测值为76.60万元。

（3）加权移动平均法（weighted moving average）

简单移动平均法是加权移动平均法的一个特例。简单移动平均法将近期预测资料和远期资料对预测数的影响程度等同起来。而实际上越接近预测期的数据对预测值的影响越大。为了弥补这个缺点，可采用加权移动平均法。即根据实际资料离预测期的远近，给予不同的权数，越接近预测期权数就越大，然后再加以平均，算出预测数，可利用下面的公式计算

$$\text{WMA}_{t+1} = \frac{\alpha_n A_t + \alpha_{n-1} A_{t-1} + \cdots + \alpha_1 A_{t+1-n}}{n} = \frac{1}{n} \sum_{i=t+1-n}^{t} \alpha_{i-t+n} A_i \qquad (5.3)$$

式中，WMA_{t+1} 为 $t+1$ 期的加权移动平均预测值；α_i 为加权系数，满足关系 $\sum_{i=1}^{n} \alpha_i = n (i=1,2,\cdots,n)$。

简单移动平均模型对数据不分远近，等同（分量）对待。在实际中，最近的数据更能反映需求的趋势，用加权移动平均模型更为合适。一般情况下，加权移动平均模型具有如下的稳定性和响应性：

①n 越大，则预测的稳定性就越好，响应性就越差。

②n 越小，则预测的稳定性就越差，响应性就越好。

③近期数据的权重越小，则预测的稳定性就越好，响应性就越差。

在生产运营实践中，α_i 和 n 的选择都没有固定的模式，都带有一定的经验性，究竟选用什么数值，则需根据预测的实际问题来定。

例5.6 某工厂某年 1~12 月的销售额情况如表 5.6 所示，如取 $\alpha_1 = 0.5$，$\alpha_2 = 1$，$\alpha_3 = 1.5$，试用加权平均移动模型计算各月销售额的预测值。

表5.6　加权移动平均预测结果　　　　　　　　单位：百台

月份	1	2	3	4	5	6	7	8	9	10	11	12	来年
实际销量	20	21	23	24	25	27	26	25	26	28	27	29	
预测值	—	—	—	21.8	23.2	24.3	25.8	26.2	25.7	25.7	26.8	27.2	28.2

解 依题意，观察期 $n=3$。根据加权平均预测公式 $\text{WMA}_{t+1} = \frac{1}{n} \sum_{i=t+1-n}^{t} \alpha_{i-t+n} A_i$ 计算 4 至 12 月的销售量预测值，计算得到的预测值如表 5.6 所示，预测结果如图 5.14 所示。

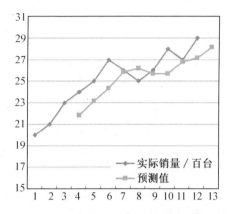

图 5.14　加权移动平均法计算的结果

例 5.7　利用 Excel 软件运用加权移动平均模型计算例 5.6 的预测问题。

解　Excel 软件分析工具库中没有对一次平均模型中的加权移动平均模型提供计算工具,需要自行在 Excel 表格中利用公式和相应函数建立模型进行计算。因为观察期 $n=3$,根据加权平均预测公式可得

$$\text{WMA}_{t+1}=\frac{\alpha_3 A_t+\alpha_2 A_{t-1}+\alpha_1 A_{t-2}}{3}$$

根据上面的公式,在 Excel 软件中输入相应公式和函数,即可方便求解预测值。

应用 Excel 建立电子表格模型求解所得的结果如图 5.15 所示。

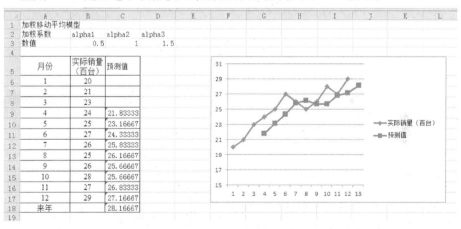

图 5.15　应用 Excel 求解例 5.6 的界面

在图 5.15 中的单元格 C9 中输入公式"=SUM(MMULT($B\$3：$D\$3,B6：B8))/SUM($B\$3：$D\$3)",然后填充复制至单元格 C18。需求预测均方误差可按照例 5.5 中介绍的方法进行求解。

(4)一次指数平滑法(single exponential smoothing)

一次指数平滑法是另一种形式的加权移动平均法。加权移动平均法只考虑最近的 n 个实际数据,指数平滑法则考虑所有的历史数据,只不过近期实际数据的权重大,远期实际数据的权重小。另外,计算移动平均值需要 n 个过去的观察值。当需要预测大量的数值时,就必须存储大量数据。指数平滑模型可以弥补这一不足,因为指数平滑模型只需要两个数据值,即最新一期的观察值和上一期的预测值。一次指数平滑平均值 SF_{t+1} 的计算公式为

$$SF_{t+1} = SF_t + (A_t - SF_t)\alpha \quad (0 \leqslant \alpha \leqslant 1) \tag{5.4}$$

式中,SF_{t+1} 为 $t+1$ 期的预测值;SF_t 为 t 期的预测值;A_t 为 t 期的实际需求;α 为平滑系数($0 \leqslant \alpha \leqslant 1$)。

上式也可以写成

$$SF_{t+1} = \alpha A_t + (1-\alpha) SF_t$$

这是递推公式,它赋予 A_t 的权重为 α,赋予 SF_t 的权重为 $1-\alpha$,将其展开,有

$$SF_{t+1} = \alpha A_t + (1-\alpha)(\alpha A_{t-1} + (1-\alpha) SF_{t-1})$$
$$= \alpha A_t + (1-\alpha)\alpha A_{t-1} + (1-\alpha)^2 SF_{t-1}$$

如果进一步对上式进行展开,则得

$$SF_{t+1} = \alpha A_t + (1-\alpha)\alpha A_{t-1} + (1-\alpha)^2 \alpha A_{t-2} + \cdots +$$
$$(1-\alpha)^{t-2}\alpha A_2 + (1-\alpha)^{t-1}\alpha A_1 + (1-\alpha)^t SF_1$$

式中,SF_1 可以事先给出或令其为 A_1。

由于 $0 \leqslant 1-\alpha \leqslant 1$,当 t 很大时,$(1-\alpha)^t SF_1$ 可以忽略。因此,第 $t+1$ 期的预测值可以看作前 t 期实测值的指数形式的加权和。随着实测值"年龄"的增大,其权数以指数形式递减,这正是指数平滑法名称的由来。指数平滑法假定越久远的数据相关性越差,因而应该给予较低的权重。有时指数平滑法按照数据的"年龄"增长给予一系列递减的权重。

例 5.8 某公司的月销售额记录如表 5.7 所示,试分别取 $\alpha=0.4$ 和 $\alpha=0.7$,$SF_1=11.00$,计算一次指数平滑法预测值。

解 根据一次指数平滑法预测公式 $SF_{t+1} = \alpha A_t + (1-\alpha) SF_t$ 计算各月的销售额预测值,已知 $SF_1=11.00$。当 $\alpha=0.4$ 时,2 月销售量预测值为

$$SF_2 = 0.4A_1 + (1-0.4)SF_1 = 0.4 \times 10.00 + 0.6 \times 11.00 = 10.60（千元）$$

其他各月销售量预测值及预测误差值如表 5.7 所示，$\alpha=0.4$ 和 $\alpha=0.7$ 时预测值的比较效果如图 5.16 所示。

表 5.7 某公司各月销售额一次指数平滑法预测表（$\alpha=0.4,0.7$）

月份	销售额（千元）	指数平滑 $\alpha=0.4$	指数平滑 $\alpha=0.7$	预测误差 $\alpha=0.4$	预测误差 $\alpha=0.7$
1	10.00	11.00	11.00	1.00	1.00
2	12.00	10.60	10.30	−1.40	−1.70
3	13.00	11.16	11.49	−1.84	−1.51
4	16.00	11.90	12.55	−4.10	−3.45
5	19.00	13.54	14.96	−5.46	−4.04
6	23.00	15.72	17.79	−7.28	−5.21
7	26.00	18.63	21.44	−7.37	−4.56
8	30.00	21.58	24.63	−8.42	−5.37
9	28.00	24.95	28.39	−3.05	0.39
10	18.00	26.17	28.12	8.17	10.12
11	16.00	22.90	21.04	6.90	5.04
12	14.00	20.14	17.51	6.14	3.51
来年		17.68	15.05		
			MSE	32.71	20.95
			最小 MSE	20.95	

将预测值和实际值进行比较，由图 5.16 可以看出，用一次指数平滑法进行预测，当出现趋势时，预测值虽然可以描述实际值的变化形态，但预测值总是滞后于实际值。当实际值呈上升趋势时，预测值总低于实际值；当实际值呈下降趋势时，预测值总是高于实际值。比较不同的平滑系数对预测值的影响，当出现趋势时，取较大的平滑系数得到的预测值与实际值比较接近。

综上可知，预测值依赖于平滑系数的选择。一般来说，选择小一点的平滑系数，预测的稳定性就比较好；反之，其响应性就比较好。

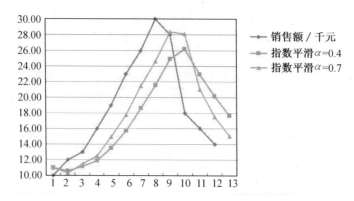

图 5.16　$\alpha=0.4$ 和 $\alpha=0.7$ 时预测值的比较

平滑系数 α 的值非常关键,它决定了预测对于变化的敏感性:

较高的 α 值,比如说 $0.3 \leqslant \alpha \leqslant 0.5$(或者 $0.6 \leqslant \alpha \leqslant 0.8$),这样会给最新的实际需求值比较大的比重,从而使预测对新的变化反应更为强烈。

较低的 α 值,比如说 $0.3 \leqslant \alpha \leqslant 0.5$(或者 $0.1 \leqslant \alpha \leqslant 0.3$),这样给前期的预测值以较大的比重,从而使预测对新的变化反应性较差。通常我们会采用取中的方法,取 α 在 0.15 或 0.2 左右。实际上,类似移动平均法,多取几个值进行试算,看哪一个误差小,就采用哪个。

指数平滑法随着数据"年龄"的增长而给予其不断降低的权重。它通过最新的实际需求和上期的预测值的加权平均来实现这一权重的分配效果。通过平滑系数取不同的值,可以调整预测对于实际变化的敏感性。

例 5.9　利用 Excel 软件运用一次指数平滑模型计算例 5.8 的预测问题,设 $SF_1 = 10.00$。

解　应用 Excel 软件分析工具库中提供的"指数平滑"工具进行计算,具体的计算步骤可参照"移动平均"工具的计算步骤,以下从略。但是,在进行阻尼系数设置时(图 5.17),输入的值应为"1－给定值"。对于本例,即应该分别输入"0.6"和"0.3"。因为利用 Excel 软件提供的"指数平滑"工具计算时,默认预测初始值 $SF_1 = A_1$,所以本例题假设 $SF_1 = 10.00$。应用 Excel 建立电子表格模型求解所得的结果如图 5.18 所示。由于指数平滑预测值的个数与实际值的个数相等,而通过"指数平滑"工具算出的值却少了 1 个,在实际生产运作中,应将其预测值的计算个数填充为与实际值相等的个数,同时"输出图表"也应参照前面的方法进行修改。图 5.18(右边部分)就是经过调整修改之后的结果。

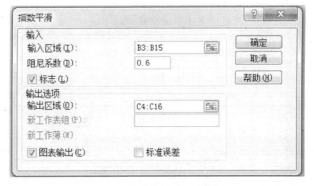

图 5.17 "指数平滑"系数输入

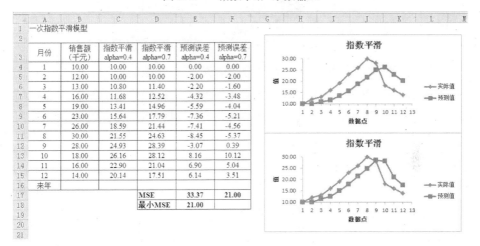

图 5.18 应用 Excel 求解例 5.9 的界面

可以看出,应用 Excel 提供的"指数平滑"工具进行计算时会遇到无法设定预测初值和输出数据量不对等等问题。如果利用 Excel 的内部函数自己编辑公式计算指数平滑模型预测值,就可以解决上述问题,而且编辑过程也比较简单,手动编程的计算结果如图 5.19 所示。

在图 5.19 中,各单元格的设置方法如下:在单元格 C5 中输入公式"=0.4 * B4+0.6 * C4",然后填充复制至 C16;单元格 D5 中输入公式"=0.7 * B4+0.3 * D4",然后填充复制至 D16;均方差的计算可以参照移动平均模型中的均方差计算方法。在 Excel 电子表格中选择 B4:D16 区域,单击"插入"菜单,再单击"折线图"下拉菜单,点击合适的折线图就可以生成图 5.19 右侧的折线图。右键单击输出的折线图可以修改折线名称和相关属性。

	A	B	C	D	E	F	G H I J K L M
1	一次指数平滑模型						
2							
3	月份	销售额(千元)	指数平滑alpha=0.4	指数平滑alpha=0.7	预测误差alpha=0.4	预测误差alpha=0.7	
4	1	10.00	11.00	11.00	1.00	1.00	
5	2	12.00	10.60	10.30	-1.40	-1.70	
6	3	13.00	11.16	11.49	-1.84	-1.51	
7	4	16.00	11.90	12.55	-4.10	-3.45	
8	5	19.00	13.54	14.96	-5.46	-4.04	
9	6	23.00	15.72	17.79	-7.28	-5.21	
10	7	26.00	18.63	21.44	-7.37	-4.56	
11	8	30.00	21.58	24.63	-8.42	-5.37	
12	9	28.00	24.95	28.39	-3.05	0.39	
13	10	18.00	26.17	28.12	8.17	10.12	
14	11	16.00	22.90	21.04	6.90	5.04	
15	12	14.00	20.14	17.51	6.14	3.51	
16	来年		17.68	15.05			
17					MSE	32.71	20.95
18					最小MSE	20.95	

图 5.19　手动编程计算一次指数平滑模型预测值的界面

在有趋势的情况下,用一次指数平滑法预测,会出现滞后现象。面对有上升或下降趋势的需求序列时,就要采用二次指数平滑法(double exponential smoothing)进行预测;对于出现趋势并有季节性波动的情况,则要用三次指数平滑法(triple exponential smoothing)进行预测。

(5)二次指数平滑法

通过一次指数平滑法的计算,我们看到,当一段时间内收集到的数据呈上升或下降趋势时,将导致指数预测滞后于实际需要,通过添加趋势修正值,可以在一定程度上改进指数平滑预测结果。即再作二次指数平滑,利用滞后偏差的规律建立直线趋势模型,其计算公式为

$$\begin{cases} S_t^{(1)} = \alpha A_t + (1-\alpha) S_{t-1}^{(1)} \\ S_t^{(2)} = \alpha S_t^{(1)} + (1-\alpha) S_{t-1}^{(2)} \end{cases} \quad (5.5)$$

式中,$S_t^{(1)}$ 为一次指数平滑值;$S_t^{(2)}$ 为二次指数平滑值。

当时间序列 $\{A_t\}$ 从某时期开始具有直线趋势时,可利用直线趋势模型

$$F_{t+T} = a_t + b_t T \quad (T=1,2,3,\cdots)$$

$$\begin{cases} a_t = 2S_t^{(1)} - S_t^{(2)} \\ b_t = \dfrac{\alpha}{1-\alpha}(S_t^{(1)} - S_t^{(2)}) \end{cases}$$

进行预测。

例 5.10 应用 Excel 软件,对例 5.8 提供的数据,设 $\alpha = 0.4$,平滑初值设为 $A_1 = 10.00$,求二次指数平滑预测值。

解 依题意,$\alpha = 0.4$,初始值 $S_0^{(1)}$ 和 $S_0^{(2)}$ 都取序列的首项数值,$S_0^{(1)} = S_0^{(2)} = A_1 = 10.00$。计算 $S_t^{(1)}$,$S_t^{(2)}$,计算结果如图 5.20 所示。能够得到

$$S_{12}^{(1)} = 17.68, S_{12}^{(2)} = 20.15$$

则可以求得 $t = 12$ 时

$$a_t = 2S_{12}^{(1)} - S_{12}^{(2)} = 2 \times 17.68 - 20.15 = 15.21$$

$$b_{12} = \frac{0.4}{1 - 0.4}(S_{12}^{(1)} - S_{12}^{(2)}) = \frac{0.4}{0.6}(17.68 - 20.15) = -1.64$$

于是,得 $t = 12$ 时直线趋势方程为

$$F_{12+T} = 15.21 - 1.64T$$

预测来年 1 月的销售额(单位:千元)为

$$F_{12+1} = 15.21 - 1.64 = 13.57$$

应用 Excel 建立电子表格模型求解所得的结果如图 5.20 所示。

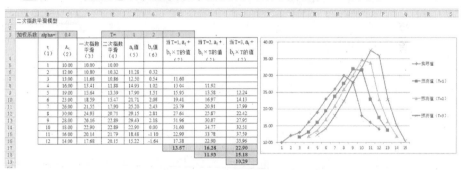

图 5.20 应用 Excel 求解例 5.10 的界面

对于二次指数平滑改进趋势需要两个平滑系数,除 α 外,趋势方程中还用到了另一个平滑系数,称其为斜率偏差的平滑系数(β),β 值减弱了出现实际需求与预测值之间的误差的影响。如果引入两个平滑系数 α 和 β,趋势对误差的影响就会降低很多。第二种方法的二次指数平滑预测值的计算公式为

$$F_{t+1} = SA_t + T_t \tag{5.6}$$

式中,F_{t+1} 为二次指数平滑预测值;T_t 为 t 期平滑趋势值,T_0 需要事先给定;SA_t 为 t 期平滑平均值,又称"基数值",SA_0 也需要事先给定。

SA_t 可按下式计算

$$SA_t = \alpha A_t + (1-\alpha)(SA_{t-1}+T_{t-1}) = \alpha A_t + (1-\alpha)F_t$$

T_t 可按下式计算

$$T_t = \beta(SA_t - SA_{t-1}) + (1-\beta)T_{t-1}$$

式中,β 为斜率偏差的平滑系数,其余符号意义同前。

例 5.11 运用第二种二次指数平滑方法,应用 Excel 软件对例 5.8 提供的数据,设 $\alpha = 0.4$,$\beta = 0.5$,平滑初值设为 $SA_1 = 11.00$,$T_1 = 0.80$,求二次指数平滑预测值。

解 根据公式 $SA_t = \alpha A_t + (1-\alpha)F_t$ 和公式 $T_t = \beta(SA_t - SA_{t-1}) + (1-\beta)T_{t-1}$,可以得到 SA_t,T_t 和 F_t。当 $\alpha = 0.4$ 时,二次指数平滑预测值、一次指数平滑预测值与实际值的比较,如图 5.21 所示。由图 5.21 可以看出在有趋势存在的情况下,二次指数平滑预测的结果比一次指数平滑预测的结果与实际值更加接近,且滞后要小得多。

图 5.21　应用 Excel 运用第二种二次指数平滑方法求解例 5.11 的界面

从上面的例子可以看出,为了确定趋势方程成立,第一次使用该方程时应首先由人工给定趋势值。此初始值可以是一个猜想值,或者从观测的历史数据中计算得出。

二次指数平滑预测的结果与 α 和 β 的取值有关。α 和 β 越大,预测的响应性就越好;反之,稳定性就越好。α 影响预测的基数,β 影响预测值上升或下降的速度。

2. 时间序列分解模型

实际需求值是趋势的、季节的、周期的或随机的等多种成分共同作用的结果。时间序列分解模型企图从时间序列值中找出各种成分,并在对各种成分单独进行预测的基础上,综合处理各种成分的预测值,以得到最终的预测结果。

时间序列分解方法是在这样的假设条件下应用的:各种成分单独地作用于实际需求,而且过去和现在起作用的机制将持续到未来。

这种方法在应用时需注意以下事项:

①各种成分是否已经超过了其作用范围。

②过去出现的"转折点"情况。比如,1973 年石油危机对美国 73 年以后的汽车销售纪录产生了重大影响,当应用某种模型来预测今后 10 年的汽车销售量时,就应考虑类似石油危机这样重大事件是否会发生。

任何一个时间序列,可能同时具有上述趋势的、季节的、周期的或随机的几个特征,也可能是上述特征中某几个的组合,较常见的组合方式有加法模型和乘法模型两种。

(1)加法模型

加法模型是将各成分相加来进行预测,公式为

$$TF = T + S + C + I \tag{5.7}$$

式中,TF 为时间序列预测值;T 为趋势成分;S 为季节成分;C 为周期性变化成分;I 为不规则的波动成分。

(2)乘法模型

乘法模型是通过将各种成分(以比例的形式)相乘的方法来求出需求估计值,乘法模型比较通用,公式为

$$TF = T \times S \times C \times I \tag{5.8}$$

式中各符号含义与加法模型公式相同。

对于不同的预测问题,人们常常通过观察其时间序列值的分布来选用适当的时间序列分解模型。图 5.22 是几种可能的时间序列类型。我们以图 5.22(c)为例,介绍时间序列分解模型的应用。

从图 5.22(c)可以看出,线性趋势相等的季节性波动类型是线性趋势和季节性变化趋势共同作用的结果。

对此类型进行预测的关键在于求出线性趋势方程(直线方程)和季节系数。所谓季节系数(seasonal index,SI)就是实际值 A_t 与趋势值 T_t 的比值的平均值。下面通过一个实例来说明。

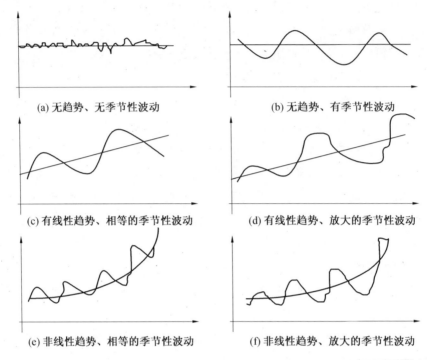

图 5.22　几种可能的时间序列类型

例 5.12　表 5.8 是某旅游服务点过去 3 年快餐销售记录,试用时间序列分解模型方法应用 Excel 软件预测其快餐的销售量。

表 5.8　某旅游服务点过去 3 年快餐销售记录　　　　　　　　　　单位:份

年份	2015				2016				2017			
季度	夏	秋	冬	春	夏	秋	冬	春	夏	秋	冬	春
销售量	11 800	10 404	8 925	10 600	12 285	11 009	9 123	11 286	13 350	11 270	10 266	12 138

解　求解问题的关键是求趋势分量和季节系数,根据时间序列分解模型的原理,利用 Excel 建立自动求解模型,所得结果如图 5.23 所示。

在图 5.23 中,关于相应单元格的设置说明如下:

第 1 步:输入历史数据,即区域 C4：C15。

第 2 步:计算所有季度的算术平均值。在单元格 C17 中输入公式"＝AVERAGE（C4：C15）"。

第 3 步:计算各个季度的权重值,先在单元格 D4 中输入公式"＝C4/＄C＄17",然后填充复制至 D15。

第 4 步:计算趋势分量,根据前面的分析可知,选择 4 期的移动平均预测便可消除季节变动分量,从而得到趋势分量。4 期的移动平均预测值在区域 E8:E16。具体方法是先在单元格 E8 中输入公式"= AVERAGE(C4:C7)",然后填充复制至 E16。

第 5 步:计算季节系数,应用乘法模型计算预测值。先在单元格 F8 中输入公式"=E8 * ($ D $4+$ D $8+$ D $12)/3",然后填充复制至 F16。可得,2018 年夏季的销售量预测值为 13 290.0 份。

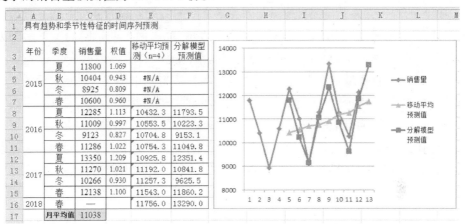

图 5.23　应用 Excel 求解例 5.12 的界面

第三节　因果模型

因果模型是查找可以用于预测的有关原因和关系,是利用变量(可以包括时间)之间的相关关系,通过一种变量的变化来预测另一种变量的未来变化。与时间序列模型一样,因果模型存在这样一个假设:过去存在的变量间关系和相互作用机理,今后仍将存在并继续发挥作用。

从时间序列模型的分析,我们可以看出,时间序列模型是将需求作为因变量,将时间作为唯一的独立变量。这种做法虽然简单,但却忽略了其他影响需求的因素,如政府部门公布的各种经济指数、地方政府的规划、银行发布的各种金融方面的信息、广告费的支出、产品和服务的定价等,都会对需求产生影响。因果模型则有效地克服了时间序列法的这一缺点,它通过对一些与需求(如书包)有关的先导指数(学龄儿童数)的计算,来对需求进行预测。

由于反映需求及其影响因素之间因果关系的数学模型不同,因果模型又分为回归模型、经济计量模型和投入产出模型等,本节只介绍一元线性回归模型(linear regression)。

1. 线性回归模型的基本概念

"回归"最初是由英国学者高尔登(Galton)首先提出的,他在研究人类身高变化规律时发现,高个子的子女回归于人口的平均身高,而矮个子的子女则从另一个方向回归于人口平均身高。"回归"一词从此便一直为生物学和统计学所沿用。

回归的现代含义是研究自变量与因变量之间的关系形式的分析方法。对于两个变量,一个变量用 x 表示,另一个变量用 y 表示,如果两个变量间的关系属于因果关系,一般用回归分析(regression analysis)来研究。表示原因的变量称为自变量,用 x 表示。自变量是固定的(即预先设定的),没有随机误差。表示结果的变量称为因变量,用 y 表示。y 是随 x 的变化而变化的。通过回归分析,可以找出因变量变化的规律性,而且能够由 x 的取值预测 y 的取值范围。若对于变量 x 的每一个可能值 x_i,都有随机变量 y_i 的一个分布与之对应,则称随机变量 y 对变量 x 存在回归关系。研究"一因一果",即一个自变量与一个因变量的回归分析称为一元回归分析(one factor regression analysis)。

一元线性回归预测法是指成对的两个变量数据的分布呈直线趋势,其趋势可以用直线方程来表示,它是回归分析中最基本、最简单的一种,故又称为直线回归或简单回归。同时,直线回归模型表示的是两个变量(自变量和因变量)之间的因果关系,所以又称因果模型。

一元线性回归模型可以用直线回归方程(linear regression equation)表述,其一般形式如下

$$\hat{y} = a + bx \tag{5.9}$$

式中,x 是自变量,$\hat{y}$ 是与自变量 x 对应的因变量 y 的平均值的点估计值(point estimate);a 是当 $x=0$ 时 $\hat{y}$ 的值,即直线在 y 轴上的截距,称为回归截距;b 是回归直线的斜率,称为回归系数,其含义是自变量 x 改变一个单位,因变量 y 平均增加或减少的单位数。

2. 回归模型的参数估计

为了使 $\hat{y} = a + bx$ 能够更好地反映 y 和 x 两变量的数量关系,根据最小二乘法(method of least square),a 和 b 应使回归估计值与观察值的离差平方和最小,所以

必须使

$$Q = \sum_{i=1}^{n} (y_i - \hat{y}_i)^2 = \sum_{i=1}^{n} (y_i - a - bx_i)^2 = \min$$

根据微积分学中的极值原理,必须使 Q 对 a,b 的一阶偏导数值为 0,即

$$\begin{cases} \dfrac{\partial Q}{\partial a} = -2 \sum_{i=1}^{n} (y_i - a - bx_i) = 0 \\ \dfrac{\partial Q}{\partial b} = -2 \sum_{i=1}^{n} (y_i - a - bx_i)x_i = 0 \end{cases}$$

整理得正规方程组(normal equation group)

$$\begin{cases} an + b \sum_{i=1}^{n} x_i = \sum_{i=1}^{n} y_i \\ a \sum_{i=1}^{n} x_i + b \sum_{i=1}^{n} x_i^2 = \sum_{i=1}^{n} x_i y_i \end{cases}$$

求解正规方程组,得

$$\begin{cases} a = \dfrac{\sum\limits_{i=1}^{n} y_i - b \sum\limits_{i=1}^{n} x_i}{n} \\ b = \dfrac{\sum\limits_{i=1}^{n} x_i y_i - (\sum\limits_{i=1}^{n} x_i)(\sum\limits_{i=1}^{n} y_i)/n}{\sum\limits_{i=1}^{n} x_i^2 - (\sum\limits_{i=1}^{n} x_i)^2/n} = \dfrac{\sum\limits_{i=1}^{n} (x_i - \frac{1}{n}\sum\limits_{j=1}^{n} x_j)(y_i - \frac{1}{n}\sum\limits_{j=1}^{n} y_j)}{\sum\limits_{i=1}^{n} (x_i - \frac{1}{n}\sum\limits_{j=1}^{n} x_j)^2} \end{cases}$$

可以简化为

$$\begin{cases} a = \bar{y} - b\bar{x} \\ b = \dfrac{\sum (x - \bar{x})(y - \bar{y})}{\sum (x - \bar{x})^2} \end{cases}$$

现在证明等式

$$\dfrac{\sum\limits_{i=1}^{n} x_i y_i - (\sum\limits_{i=1}^{n} x_i)(\sum\limits_{i=1}^{n} y_i)/n}{\sum\limits_{i=1}^{n} x_i^2 - (\sum\limits_{i=1}^{n} x_i)^2/n} = \dfrac{\sum\limits_{i=1}^{n} (x_i - \frac{1}{n}\sum\limits_{j=1}^{n} x_j)(y_i - \frac{1}{n}\sum\limits_{j=1}^{n} y_j)}{\sum\limits_{i=1}^{n} (x_i - \frac{1}{n}\sum\limits_{j=1}^{n} x_j)^2}$$

成立。

证明

$$等式右边 = \frac{\sum\limits_{i=1}^{n}\left(x_i y_i - x_i \cdot \frac{1}{n}\sum\limits_{j=1}^{n} y_j - y_i \cdot \frac{1}{n}\sum\limits_{j=1}^{n} x_j + \frac{1}{n^2}\left(\sum\limits_{j=1}^{n} x_j\right)\left(\sum\limits_{j=1}^{n} y_j\right)\right)}{\sum\limits_{i=1}^{n}\left(x_i^2 - \frac{2x_i}{n}\sum\limits_{j=1}^{n} x_j + \frac{1}{n^2}\left(\sum\limits_{j=1}^{n} x_j\right)^2\right)}$$

$$= \frac{\sum\limits_{i=1}^{n} x_i y_i - \dfrac{\left(\sum\limits_{i=1}^{n} x_i\right)\left(\sum\limits_{j=1}^{n} y_j\right)}{n} - \dfrac{\left(\sum\limits_{i=1}^{n} y_i\right)\left(\sum\limits_{j=1}^{n} x_j\right)}{n} + \dfrac{\left(\sum\limits_{j=1}^{n} x_j\right)\left(\sum\limits_{j=1}^{n} y_j\right)}{n}}{\sum\limits_{i=1}^{n} x_i^2 - \dfrac{2\left(\sum\limits_{i=1}^{n} x_i\right)\left(\sum\limits_{j=1}^{n} x_j\right)}{n} + \dfrac{\left(\sum\limits_{j=1}^{n} x_j\right)^2}{n}}$$

$$= \frac{\sum\limits_{i=1}^{n} x_i y_i - \left(\sum\limits_{i=1}^{n} x_i\right)\left(\sum\limits_{i=1}^{n} y_i\right)/n}{\sum\limits_{i=1}^{n} x_i^2 - \left(\sum\limits_{i=1}^{n} x_i\right)^2/n} = 等式左边$$

即有

$$b = \frac{\sum(x - \bar{x})(y - \bar{y})}{\sum(x - \bar{x})^2}$$

3. 相关系数(correlation coefficient)

正确地判断两个变量之间的相互关系,选择主要影响因素做自变量是至关重要的。

在一元线性回归模型中,观测值 y_i 的取值大小是上下波动的,这种波动现象称为变差。变差的产生是由两方面的原因引起的:

① 受自变量变动的影响,即 x 的取值不同。

② 其他因素(包括观测和实践中产生的误差)的影响。

总变差可用总离差表示,并进行分解(包括观测和实践中产生的误差的影响)。为了分析这两方面的影响,需要对总变差进行分解。

对每一个观测值来说,变差的大小可以通过该观测值 y_i 与其算术平均数 $\bar{y}$ 的离差 $y_i - \bar{y}$ 来表示,而全部 n 次观测值的总变差可由这些离差的平方和来表示

$$L_{yy} = \sum_{i=1}^{n}(y_i - \bar{y})^2$$

其中 L_{yy} 称为总离差,因为

$$L_{yy} = \sum_{i=1}^{n} (y_i - \bar{y})^2 = \sum_{i=1}^{n} \left[(y_i - \hat{y}_i) + (\hat{y}_i - \bar{y}) \right]^2$$

$$= \sum (y_i - \hat{y})^2 + \sum (\hat{y}_i - \bar{y})^2 + 2 \sum (y_i - \hat{y}_i)(\hat{y}_i - \bar{y})$$

其中交叉相乘项等于零,所以总变差可以分解成两个部分,即

$$\sum_{i=1}^{n} (y_i - \bar{y})^2 = \sum (y_i - \hat{y})^2 + \sum (\hat{y}_i - \bar{y})^2$$

或记为

$$L_{yy} = Q_1 + Q_2$$

等式右边的第二项 Q_2 称为回归变差(或称回归平方和),回归平方和反映了 $\hat{y}_i$ 之间的变差,这一变差是由自变量 x 的变动而引起的,是总变差中由自变量 x 解释的部分;等式右边的第一项 Q_1 称为剩余变差(或称残差平方和),它是由观测或实验中产生的误差以及其他未加控制的因素引起的,反映的是总变差中未被自变量 x 解释的部分。

变差中回归变差与总变差的比值称为确定性系数 R^2(可决系数 R^2)

$$R^2 = \frac{回归变差}{总变差}$$

确定性系数 R^2 的大小表明了在 y 的总变差中由自变量 x 变动所引起的回归变差所占的比例,它是评价两个变量之间线性相关关系强弱的一个重要指标。根据上述定义,有

$$R^2 = \frac{\sum (\hat{y}_i - \bar{y})^2}{\sum (y_i - \bar{y})^2} = 1 - \frac{\sum (y_i - \hat{y}_i)^2}{\sum (y_i - \bar{y})^2}$$

可以看出,$0 \leqslant R^2 \leqslant 1$。

相关系数是确定系数的平方根,它是一元线性回归模型中用来衡量两个变量之间线性相关关系强弱程度的重要指标,其定义为

$$R^2 = \frac{\sum (\hat{y}_i - \bar{y})^2}{\sum (y_i - \bar{y})^2} = \frac{\sum (a + bx_i - a - b\bar{x})^2}{\sum (y_i - \bar{y})^2} = \frac{b^2 \sum (x_i - \bar{x})^2}{\sum (y_i - \bar{y})^2}$$

$$= \left[\frac{\sum (x_i - \bar{x})(y_i - \bar{y})}{\sum (x_i - \bar{x})^2} \right]^2 \cdot \frac{\sum (x_i - \bar{x})^2}{\sum (y_i - \bar{y})^2}$$

$$= \frac{\left[\sum (x_i - \bar{x})(y_i - \bar{y}) \right]^2}{\sum (x_i - \bar{x})^2 \sum (y_i - \bar{y})^2}$$

所以,相关系数为

$$R = \frac{\sum (x_i - \bar{x})(y_i - \bar{y})}{\sqrt{\sum (x_i - \bar{x})^2}\sqrt{\sum (y_i - \bar{y})^2}} \qquad (5.10)$$

根据平均数的数学性质确定系数可简化为

$$R = \frac{n\sum x_i y_i - \sum x_i \sum y_i}{\sqrt{n\sum x_i^2 - (\sum x_i)^2}\sqrt{n\sum y_i^2 - (\sum y_i)^2}}$$

从上述定义可以看出,相关系数的取值范围为 $-1 \leq R \leq 1$,相关系数为正值表示两变量之间为正相关;相关系数为负值表示两变量之间为负相关。相关系数 R 的绝对值大小表示相关程度的高低。当 $R = 0$ 时,说明回归变差为0,自变量 x 的变动对总变差毫无影响,这种情况称 y 与 x 不相关;当 $|R| = 1$ 时,说明回归变差等于总变差,总变差的变化完全由自变量 x 的变化所引起,这种情况称为完全相关,这时,因变量 y 是自变量 x 的线性函数,二者之间呈函数关系;当 $0 < |R| < 1$ 时,说明自变量 x 的变动对总变差有部分影响,这种情况称为普通相关。其中,R 的绝对值越大,表示因变量 y 与自变量 x 的相关程度越高。一般情况下,当 $|R| > 0.7$,即 $R^2 > 0.49$ 时,说明自变量 x 的变动对总变差的影响占一半以上,故称高度相关;当 $|R| < 0.3$,即 $R^2 < 0.09$ 时,说明自变量 x 的变动对总变差的影响小于9%,故称低度相关;当 $0.3 \leq |R| < 0.7$ 时,说明自变量 x 的变动对总变差的影响程度为9% ~ 50%,故称中度相关。

当相关系数的取值在 -0.7 到 0.7 之间时,现行回归模型仅可作为依据,如图 5.24 所示。

例5.13 为确定发给销售人员的奖金水平是否对其销售量有影响,贸易公司做了10次实验,奖金水平是否对其销售量有影响的实验结果如表5.9所示。如果奖金比例为15%,那么该区的销售量为多少?

表5.9　奖金水平是否对其销售量有影响的实验结果

奖金/%	0	1	2	3	4	5	6	7	8	9
销售量/万元	3	4	8	10	15	18	20	22	27	28

解　利用一次线性回归模型进行拟合,自变量 x 是奖金水平,因变量 y 是销售量,计算 b 和 a,然后求 $\hat{y}$,则有

$$\sum_{i=1}^{10} x_i = 45, \sum_{i=1}^{10} x_i^2 = 285, \sum_{i=1}^{10} x_i y_i = 942, \frac{1}{10}\sum_{i=1}^{10} x_i = 4.5$$

$$\sum_{i=1}^{10} y_i = 155, \sum_{i=1}^{10} y_i^2 = 3\,135, \frac{1}{10}\sum_{i=1}^{10} y_i = 15.5$$

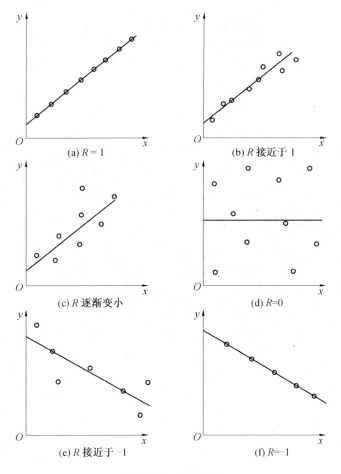

图 5.24 相关系数

$$b = \frac{\sum_{i=1}^{10} x_i y_i - (\sum_{i=1}^{10} x_i)(\sum_{i=1}^{10} y_i)/10}{\sum_{i=1}^{10} x_i^2 - (\sum_{i=1}^{10} x_i)^2/10} = \frac{942 - 45 \times 155 \div 10}{285 - 45^2 \div 10} = 2.96$$

$$a = \frac{\sum_{i=1}^{10} y_i - b\sum_{i=1}^{10} x_i}{10} = \frac{155 - 2.96 \times 45}{10} = 2.18$$

所以,销售量和奖金百分比之间的线性回归模型(最优的拟合直线,如图 5.25 所示)为

$$\hat{y} = 2.18 + 2.96x$$

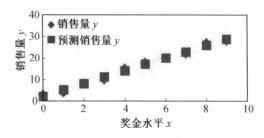

图 5.25　奖金水平和销售量最优拟合直线

如果奖金百分比为 15%（即 $x = 15$），则销售量的预测值为

$$y = 2.18 + 2.96 \times 15 = 46.58$$

即销售额为 46.58 万元。

相关系数为

$$R = \frac{10 \sum x_i y_i - \sum x_i \sum y_i}{\sqrt{\left[10 \sum x_i^2 - \left(\sum x_i\right)^2\right]\left[10 \sum y_i^2 - \left(\sum y_i\right)^2\right]}}$$

$$= \frac{10 \times 942 - 45 \times 155}{\sqrt{\left[10 \times 285 - 45 \times 45\right]\left[10 \times 3\,135 - 155 \times 155\right]}}$$

$$= 0.994\,6$$

Excel 软件的"数据分析"工具库中有功能强大的"回归"分析工具,利用 Excel 建立电子表格模型求解所得结果的界面如图 5.26 所示。有关相应单元格的设置说明如图 5.26 所示。

	A	B	C	D	E	F	G	H	I	J	K	L	M
1	序号	奖金水平x	销售量y		SUMMARY OUTPUT								
2	1	0	3										
3	2	1	4		回归统计								
4	3	2	8		Multiple R	0.994599129							
5	4	3	10		R Square	0.989227428							
6	5	4	15		Adjusted R Square	0.987880856							
7	6	5	18		标准误差	0.993158415							
8	7	6	20		观测值	10							
9	8	7	22										
10	9	8	27		方差分析								
11	10	9	28			df	SS	MS	F	Significance F			
12					回归分析	1	724.6091	724.6091	734.6267	3.69842E-09			
13	Yr=2.164+2.964X				残差	8	7.890909	0.986364					
14					总计	9	732.5						
15													
16						Coefficients	标准误差	t Stat	P-value	Lower 95%	Upper 95%	下限 95.0%	上限 95.0%
17					Intercept	2.163636364	0.583733	3.706554	0.005986	0.817546469	3.509726	0.817546	3.509726
18					奖金水平x	2.963636364	0.109343	27.104	3.7E-09	2.711490624	3.215782	2.711491	3.215782

图 5.26　应用 Excel 求解例 5.13 的界面

第 1 步:输入初始数据,即区域 B2:B11,C2:C11。

第 2 步:单击"数据"菜单,在"数据"菜单中,单击"数据分析"按钮,在弹出的

"数据分析"对话框中选择"回归"分析工具,然后点击"确定"按钮。

第3步:在"回归"分析对话框中输入相应数据和参数,即可输出计算结果。

例 5. 14　某公司正在考虑改变产品检验的方法。他们依据不同的检验次数进行实验,得到了相应的残次品数目的数据,检验次数与残次品数目之间的关系如表5. 10 所示。如果该公司打算检验 6 次,那么产品中还会有多少残次品?如果检验 20 次呢?

表5. 10　检验次数与残次品数目之间的关系

检验次数	0	1	2	3	4	5	6	7	8	9	10
残次品数	92	86	81	72	67	59	53	43	32	24	12

解　自变量 x 是检验的次数,因变量 y 是相应的残次品数目。则回归方程为

$$\hat{y} = a + bx$$

计算 b 和 a,然后求 $\hat{y}$,则有

$$\sum_{i=1}^{11} x_i = 55, \sum_{i=1}^{11} y_i = 621, \sum_{i=1}^{11} x_i^2 = 385, \sum_{i=1}^{11} x_i y_i = 2\ 238$$

$$b = \frac{\sum\limits_{i=1}^{11} x_i y_i - \left(\sum\limits_{i=1}^{11} x_i\right)\left(\sum\limits_{i=1}^{11} y_i\right)/11}{\sum\limits_{i=1}^{11} x_i^2 - \left(\sum\limits_{i=1}^{11} x_i\right)^2/11} = \frac{2\ 238 - 55 \times 621 \div 11}{385 - 55^2 \div 11} = -7.88$$

$$a = \frac{\sum\limits_{i=1}^{11} y_i - b \sum\limits_{i=1}^{11} x_i}{11} = \frac{621 + 7.88 \times 55}{11} = 95.85$$

所以,检验次数和残次品数目之间的线性回归模型(最优的拟合直线,如图 5. 27 所示) 为

$$\hat{y} = 95.85 - 7.88x$$

当检验次数为 6 时,残次品数目为

$$y = 95.85 - 7.88 \times 6 = 48.57$$

如果检验 20 次,那么残次品数目为

$$y = 95.85 - 7.88 \times 20 = -61.75$$

显然,残次品数目不可能为负数,所以,我们将简单地认为预测结果为没有残次品。

利用 Excel 软件中的"回归"分析工具,建立电子表格模型求解所得结果的界面,如图 5. 27 所示。

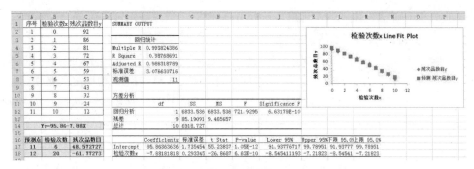

图 5.27　应用 Excel 求解例 5.14 的界面

例 5.15　在过去的 10 个月中,一家钢铁厂的某部门用电量与钢产量有关,具体数据如表 5.11 所示。

表 5.11　用电量与钢产量的关系

产量/百吨	15	13	14	10	6	8	11	13	14	12
用电/百度	105	99	102	83	52	67	79	97	100	93

① 画出散点图,观察电力消耗与产量之间的关系。

② 计算确定性系数和相关系数,求出上述数据的最优拟合线。

③ 如果一个月生产 2 000 t 钢,那么该厂将需要多少电量?

解　① 自变量 x 是钢产量,因变量 y 是电力消耗。如图 5.28 所示的散点图显示出了二者之间明显的线性关系。

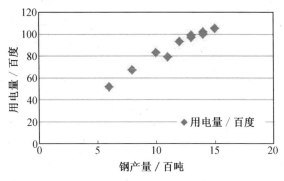

图 5.28　用电量与钢产量的散点图

② 因为

$$\sum x = 116,\quad \sum x^2 = 1\,420,\quad \sum xy = 10\,614,\quad \frac{\sum x}{n} = 11.6$$

$$\sum y = 877, \sum y^2 = 79\ 611, n = 10, \frac{\sum y}{n} = 87.7$$

所以,相关系数为

$$R = \frac{10 \times 10\ 614 - 116 \times 877}{\sqrt{[10 \times 1\ 420 - 116 \times 116][10 \times 79\ 611 - 877 \times 877]}} = 0.983\ 8$$

这一相关系数意味着存在很强的线性关系。确定系数为

$$R^2 = 0.983\ 8^2 = 0.967\ 9$$

这说明 96.79% 的偏差可以由回归模型来解释,只有 3.21% 的剩余部分由干扰来解释。有时,我们对于确定性系数会有点过于乐观,特别是数据点较少时。

现在来计算最优拟合直线方程,以及 b 和 a,则有

$$b = \frac{10 \times 10\ 614 - 116 \times 877}{10 \times 1\ 420 - 116 \times 116} = 5.925$$

$$a = 87.7 - 5.925 \times 11.6 = 18.97$$

最优拟合直线方程为

$$\hat{y} = 18.97 + 5.925x$$

③要生产 2 000 t 钢(即 $x = 20$),用电量的预测值为

$$\hat{y} = 18.97 + 5.925 \times 20 = 137.47$$

即每月用电量为 13 747 度。利用 Excel 软件中的"回归"分析工具,建立电子表格模型求解所得结果的界面如图 5.29 所示。

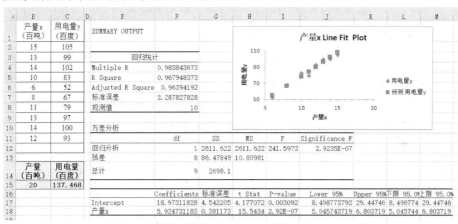

图 5.29　用电量与钢产量的散点图

第六章 预测方法的选择及监控

预测是预计未来的结果,本身具有极大的不确定性。从很多方面来看,预测的效果令人失望。尽管如此,如果方法得当,我们还是会得到蛮不错的预测结果。遗憾的是,没有哪一种方法永远是最好的,所以,我们必须研究若干种模型,并知道什么时候应该用哪一种。同时,预测结果的准确性是相对的,存在误差是绝对的,其准确性是在允许的误差区间里的准确性。超过合理误差区间的“误差”则是一种不符合实际的错误判断,应予以纠正。

第一节 预测方法的选择

1. 判断在预测中的作用

预测不能被当作像数学、物理一样的精确科学,而应看作一门艺术,一种特别的技巧。预测的输入不像数学、物理的输入那样,是自然现象确定的表现,而是经验、主观分析等不确定的信息或历史数据提供的过去的信息。同时,影响预测结果的诸多因素间也不存在过去、现在和将来都起着同样作用的联系和规律。因此,判断在预测中起着十分重要的作用。

(1)判断在选择预测方法中的作用

面对一个预测问题,首先要确定采用什么样的方法:用定性方法还是用定量方法? 用哪一种具体的定性或定量方法? 是否用由多种方法组成的混合方法? 等等。要回答这些问题,必须仔细分析预测的目的、预测问题的环境以及预测者在人、财、物、信息等各方面的资源情况,然后再做出判断,选出合适的预测方法。另外,当实际需求发生以后,若实际值与预测值存在较大的偏差,原方法是否继续使用? 应选用什么新的方法? 也需预测者按时做出选择。

(2)判断在辨别信息中的作用

不管采用什么样的预测方法,都存在着输入信息的问题。哪些信息,比如历史数据、各种图表、影响需求的各种因素等,都是有价值的,是必须输入的。所有选定的信息是否同等地影响着需求？应如何确定各因素的重要程度？等等。这些问题也只能通过判断来解决。

（3）判断在取舍预测结果时的作用

单个的预测值往往是不准确的，百分之几到百分之几百的偏差都不足为奇。因此，常常使用多种方法或用一种方法做出悲观、乐观等多种预测。对于各种不同的预测结果如何取舍，同样需要判断。

2. 影响预测效果的主要因素

影响需求预测效果的因素很多，既有主观原因，也有客观原因，具体体现如下。

（1）产品生命周期的各个阶段是选择预测方法的重要依据之一

任何成功的产品都有导入期、成长期、成熟期和衰退期四个阶段。这四个阶段对产品的需求是不同的。在产品研制和引进阶段（导入期），由于缺乏统计数据和资料，一般采用定性方法，如德尔菲法、企业领导意见法和用户调查法等。在产品的发展阶段（成长期），销售量迅速增长，可采用估计法或时间序列平滑模型或分解模型。在产品的成熟阶段，销售量一般处于稳定状态，可采用时间序列模型，如能找到相关因素，可采用回归分析法等。到了衰退期，为了减少预测偏差，往往采用几种预测方法，然后加以比较再结合预测者的判断，确定预测结果。

（2）统筹考虑预测要求的精度和需要支付的费用

预测结果与实际需求之间总是存在一定的误差，我们在进行预测的时候，总是希望预测结果与实际需求之间的偏差越小越好，这样对决策有好处。但一般来讲，预测所要求的精度越高，需要利用的模型越复杂，支出的费用也就越高，消耗的时间也越长；反之，精度要求较低，模型较简单，支出费用少，耗费时间短。

在选择预测方法时，显然，要在成本和精度之间权衡。精确的预测方法在实施时的成本一般较高，但它能取得精度较高即与实际需求偏离较小的预测值，从而降低生产经营成本。图 6.1 说明成本与精度之间的关系。应该注意的是：第一，不存在百分之百准确的预测方法，不要为了预测的绝对准确而白费心机。第二，就任何一个预测问题而言，存在精度比较合理的最低费用区间。因此，在选择预测方法时，要统筹考虑预测要求的精度和所需支出的费用，找出一个较优的方案。

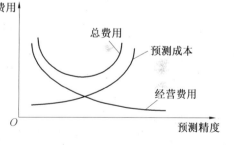

图 6.1　预测精度与成本的关系

在比较各个模型谁优谁劣时,可用第三章介绍的平均误差的四种评价指标。下面我们举一个例子来说明。

例6.1 企业某产品第1~7年的实际销售量如表6.1所示,求第8年的预测销售量,并用平均绝对偏差最小为标准,在简单平均法,简单移动平均法($n=3$),一次指数平滑法($\alpha=0.3$,$SF_1=230$ t)中选择最优预测方法。

表6.1 某产品1~7年的实际销售量

时间/年	1	2	3	4	5	6	7
销售量/t	233	229	237	245	204	249	227

解 为了看起来直观,我们以表格的形式,应用公式(5.1)(5.2)和(5.4)进行分析和求解,如表6.2所示。

表6.2 预测分析和求解结果

时间	销售量	简单平均法		简单移动平均法		一次指数平滑法	
		预测值	绝对偏差	预测值	绝对偏差	预测值	绝对偏差
1	233	—				230	3
2	229	233	4	—	—	231	2
3	237	231	6	—	—	230	7
4	245	233	12	233	12	232	13
5	204	236	32	237	33	236	32
6	249	230	19	229	20	226	23
7	227	233	6	233	6	233	6
8		232		227		231	
平均绝对偏差			79/6=13.2		71/4=17.8		86/7=12.3

通过计算可知,利用一次指数平滑法计算所得的平均绝对偏差最小,所以选择一次指数平滑法为预测方法,第8年的预测销售量为231 t。

3.选择预测方法要考虑资料占有情况和预测人员的水平

(1)资料占有情况

准确无误的调查统计资料和信息是预测的基础。进行预测需要大量的历史数据,掌握与预测目的、内容有关的各种历史资料,以及影响未来发展的现实资料,即要从多方面搜集资料。

资料按来源不同有内部资料和外部资料之分。内部资料,对公司和企业来说,是反映该单位历年经济活动情况的统计资料、市场调查资料和分析研究资料。外部资料,对公司和企业来说,是从本单位外部搜集到的统计资料和经济信息,政府统计部门公开发表和未公开发表的统计资料;兄弟单位之间定期交换的经济活动资料;报刊上发表的资料;科学研究人员的调查研究报告,以及国外有关的经济信息和市场商情资料等。从这些资料中筛选出与本单位预测项目有密切关系的资料。筛选资料的标准有三个:

　　①直接有关性。

　　②可靠性。

　　③最新性。

　　在把符合这三点的资料搜集到之后,经过分析研究,必要时再搜集其他有关资料。

　　准确无误的资料,是确保预测准确性的前提之一。为了保证资料的准确性,要对资料进行必要的审核和整理。资料的审核,主要是审核来源是否可靠、准确和齐备,资料是否可比。资料的可比性包括:资料在时间间隔、内容范围、计算方法、计量单位和计算的价格上是否保持前后一致。如有不同,应进行调整。资料的整理包括:对不准确的资料进行查证核实或删除;对不可比的资料调整为可比;对短缺的资料进行估计核算;对总体的资料进行必要的分类组合。

　　对于一项重要预测,应建立资料档案和数据库,系统地积累资料,以便连续地研究事物的发展过程和动向。

　　只有根据经济目的和计划,从多方面搜集必要的资料,经过审核、整理和分析,了解事物发展的历史和现状,认识其发展变化的规律性,预测才会准确可靠,才有质量保证。

　　在占有资料的基础上,进一步选择适当的预测方法和建立数学模型,这是预测准确与否的关键步骤。

　　对于定性预测方法或定量预测方法的选择,应根据掌握资料的情况而定。当掌握资料不够完备、准确程度较低时,可采用定性预测方法。如对新的投资项目、新产品的发展进行预测时,由于缺乏历史统计资料和经济信息,一般采用定性预测法,凭掌握的情况和预测者的经验进行判断预测。当掌握的资料比较齐全、准确程度较高时,可采用定量预测法,运用一定的数学模型进行定量分析研究。为了充分考虑定性因素的影响,在定量预测的基础上要进行定性分析,经过调整才能定案。

　　在进行定量预测时,对时间序列预测法或因果预测法的选择,除根据掌握资料的情况而定,还要根据分析要求而定。当只掌握与预测对象有关的某种经济统计

指标的时间序列资料,并只要求进行简单的动态分析时,可采用时间序列预测法。当掌握与预测对象有关的、多种相互联系的经济统计指标资料,并要求进行较复杂的依存关系分析时,可采用因果预测法。

时间序列预测和因果预测都离不开数学模型,数学模型也称预测模型,是指反映经济现象过去和未来之间、原因和结果之间相互联系和发展变化规律的数学方程式。数学模型可能是单一方程,也可能是联立方程;可能是线性模型,也可能是非线性模型。预测模型的选择是否恰当,是关系到预测准确程度的一个关键问题。

预测工作的基础是统计数据和资料,预测结果是否正确,在很大程度上取决于统计数据和资料的正确性和准确性。目前,企业积累的历史资料多偏重于按年、月、季时间顺序统计的产值、产量、销售额等,而对影响以上统计数据的变化因素的资料相对较少。因此,目前阶段选用时间序列模型较为合适,假如能找到相关因素的统计数据和资料,也可选用回归分析方法等。

(2)预测人员的水平

预测人员水平的高低,也是选择预测方法时考虑的重要因素。目前,企业预测人员水平高低不等。如果预测人员文化程度较高,数学基础较厚,又有现代的工具可利用(如计算机)、可选择较复杂的模型来进行预测,如经济计量模型、投入产出模型等,反之,可选择较简单的模型加以预测。

4. 预测的时间范围和更新频率

预测是基于历史,立足现在,面向未来的。从现在到未来之间的时间就是预测的时间范围。不同的预测方法有不同的时间范围,因而在选用预测方法时应特别留意这一点。另外,时间范围越大,预测结果越不准确。

一般来说,最合适的短期预测方法包括简单平均法、简单移动平均法以及指数平滑法,而定性预测通常不适用于短期预测,它被证明在短期预测中不如定量法效果好。

对中期预测来说,最有效的预测方法是回归技术。此外,在中期预测中,可同时使用多种预测技术,以便能对比、检查预测结果的准确性。

对长期预测来说,最适合的方法是定性分析法和回归法,通常是将定量分析与定性分析结合使用,定量技术一般是确定基本模型及其对未来的外推,而定性预测则研究这些长期趋势中可能出现的偏差及发生变化的可能性。

同时,任何一种预测方法都不可能完全适用于某一预测问题,应根据实际需求不断检验预测方法。若预测值与实际值偏离过大,则应更新预测方法。

第二节　预测方法的监控

预测的一个十分重要的理论基础是：一定形式的需求模式对过去、现在和将来起着基本相同的作用，然而，实际情况是否如此呢？换句话说，过去起作用的预测模型现在是否仍然有效呢？这需要通过预测监控来回答。

检验预测模型是否仍然有效的一个简单方法是将最近的实际值与预测值进行比较，看偏差是否在可以接受的范围内，另一种办法是应用跟踪信号（tracking signal，TS）。

所谓跟踪信号，是指预测误差滚动和与平均绝对偏差的比值，即

$$TS = \frac{RSFE}{MAD} = \frac{\sum_{t=1}^{n}(A_t - F_t)}{MAD}$$

式中各符号意义同前。

每当实际需求发生时，就应该计算 TS。如果预测模型仍然有效，那么 TS 应该接近于零，反过来，只有当 TS 在一定范围内时（图 6.2），才认为预测模型可以继续使用。否则，就应该重新选择预测模型。

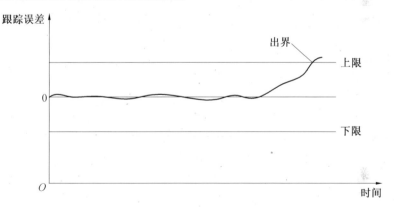

图 6.2　预测跟踪信号

第七章 决策概述

第一节 引 言

1876 年,亚历山大·格雷厄姆·贝尔(Alexander Graham Bell)发明了电话,并申请了专利。贝尔所做的一切努力也使他几乎倾尽所有,因此贝尔的岳父加德纳·哈伯德(Gardiner Hubbard)打算将电话专利权卖掉。于是,他将目标瞄准了当时长途通讯业的霸主——西方联合电报公司。但是,西方联合电报公司的总裁威廉·奥顿(William Orton)却拒绝了哈伯德的请求,因为他认为,"电话"有太多的缺点,不能严格地作为一种通讯方式,这种装置对他们来说没有任何价值。很快,西方联合电报公司就为它的短视付出了巨大的代价。公司的客户纷纷放弃电传打字机而从新成立的贝尔公司租借电话机。这时的西方联合电报公司不得不被动跟进,利用格雷的专利以及托马斯·爱迪生的设计推出了自己公司版本的电话机。随后双方之间爆发了激烈的诉讼之争,西方联合电报公司最终败北,并被迫从贝尔公司租用电话设备。

这个案例暴露了典型的由于短视思维而导致的决策失败。事实上,不仅仅由于决策者的短视会造成决策的失败,局部思维、现象思维也会产生相同的结果。对于个人、组织,或者国家来说,决策至关重要,尤其是重大决策,一旦失误,所造成的影响和损失是不可估量的,从这一层面来说,决策是从古至今都无法绕过的话题。在人类社会发展的历史长河中,成败兴衰,生死存亡,无不与决策的正确与否息息相关。

当代社会的发展,需要自然科学与管理科学的结合,这就产生了关于决策的科学。自然科学驾驭着自然,管理科学驾驭着社会和经济,两者紧密结合起来,必将使我们获得更加科学的决策,制订出更为有力的政策,以实现对近期及中远期未来更加有效的控制能力。决策是现代管理的核心问题。可以说,社会、经济等领域中的各项管理工作都离不开决策。一个国家、一个地区、一个城镇的经济发展规划和各项政策的制订,企业的生产方向、产品销售、原料供应、技术革新、新产品研制,车间、班组的作业任务安排,个人工作、学习和生活等,所有这些无论是宏观的还是微

观的社会问题和经济问题,都需要做出合理的决策。那么,什么是决策呢?

1. 决策的基本概念

决策,就是一个决定,是人类的一种有目的的思维活动。决策贯穿于人类的一切社会实践活动中。从古至今,人类就以特有的决策能力,改变着人类与自然及社会的关系,以求得生存和发展。纵观人类历史,涌现出了许多杰出的政治家、思想家、军事家,他们留下了许多涉及决策思想的著作。如《孙子兵法》《资治通鉴》《史记》等。这些著作中不少决策思想以现代科学观点来看待,仍然具有一定的启发和指导性。从另一个方面来看,虽然古人的思想和做法具有一定的指导性,但是由于早期人类社会活动的范围比较狭小,生产力水平低下,科学技术不发达,因而对决策的认识深度和广度都存在局限性,人们主要凭借主观的判断和日积月累的经验来进行决策,这种决策被称为经验决策。由于缺乏科学理论方法的指导,经验决策已经很难适应现代化社会大生产和现代科学技术的飞速发展。

从经验决策发展为科学决策,始于 20 世纪 50 年代,在吸收了行为学、运筹学、系统理论等多门科学成果的基础上,决策学诞生了。这门年轻的学科专门研究和探索人们做出正确决策的规律,并致力于将这些规律应用到实践中去。到了今天,决策学知识逐渐被应用到社会经济、生活的各个方面,尤其在企业经营管理中取得了突出的成效。有些决策理论已经形成了比较完善的体系,实现了从经验决策到科学决策的过渡。

决策这个词首先是美国管理学者巴纳德(Barnard)和斯特恩(Stern)等人在其管理著作中采用的,用以说明组织管理中的分权问题。因为在权力的分配中,做出决定的权力是个重要的问题。后来美国的著名管理学者赫伯特·亚历山大·西蒙(Herbert Alexander Simon)进一步发展了组织理论,强调决策在组织管理中的重要地位,提出了"管理就是决策"的著名观点。中国学者最初将其翻译成"做出决定",后来有人用"决策"这个词,这个译法简练而又确切,因此被广泛采用。自古今中外的学者们对这门学科展开广泛而深入的研究之后,他们分别从不同角度对决策进行了定义,现分别对其进行梳理。

①从两个或者更多的方案中做出选择的过程。　　　　　　　——斯蒂芬·罗宾斯

②管理者识别并解决问题的过程,或者管理者利用机会的过程。

　　　　　　　　　　　　　　　　　　　　　　　　——路易斯、吉德曼和范特

③决策就是为了实现一个特定目标,根据客观情况,在占有一定信息与经验的基础上,借助一定的工具、技巧和方法,对影响目标实现的诸因素进行准确的计算和判断选优后,对行动做出决定。　　　　　　　　　　　　　　　　——洛西

④正确决策是指人们为了实现特定的目标,运用科学的理论和方法,系统地分析主客观条件,在掌握大量有关信息的基础上,提出若干备选方案,并从中选出作为人们行动纲领的最佳方案。 ——卡塔尔

⑤人们为了达到一定的目标,在掌握充分的信息和对有关情况进行深刻分析的基础上,用科学方法拟订并评估各种方案,从中选出合理方案的过程。

——张石森等

⑥从两个以上的备选方案中选择一个的过程。 ——杨洪兰

⑦组织或个人为了实现某种目标而对未来一定时期内有关活动的方向、内容及方式的选择或调整过程。 ——周三多

综上所述,决策就是人们确定未来行动目标,并从两个以上实现目标的可行方案中选择一个最优方案的分析判断过程。

针对决策的这一定义,有如下几个方面的理解。

①决策针对明确的目标。任何决策都要有明确的目标,这是决策的前提。决策目标是指在一定外部环境和内部环境条件下,在市场调查和研究的基础上经过预测达到的结果。决策目标是根据所要解决的问题来确定的,因此,必须把握住所要解决问题的要害。只有明确了决策目标,才能避免决策的失误。

②决策有多个可行方案。这也是决策的条件。决策的本质就是要在众多满足条件的方案中做出选择。因此,在进行决策之前,必须有多个方案可供决策者进行选择,如果只有一个方案,那么就谈不上决策了,是必须采用的。只有多个方案,才能相互进行比较,才能评价各个方案的优劣,得到满意的结果。

③决策是对方案的分析和判断。一个决策成功与否,最重要的过程是对各个可行方案的分析是否透彻,是否能够找出方案之间的差异,并最终做出衡量方案之间优劣的判断。这是决策过程的重点部分。

④决策是一个整体性过程。决策是从提出问题、确定目标开始,经过方案选优、做出决策、交付实施为止的全部过程。这是一个整体性过程,这一过程强调了决策的实践意义,明确决策的目的在于执行,而执行又反过来检查决策是否正确、环境条件是否发生重大的变化,把决策看成是"决策—实施—再决策—再实施"的整体过程。

2. 决策的基本要素

决策是一门与经济学、数学、心理学和组织行为学有密切相关性的综合性学科。它的研究对象是决策,它的研究目的是帮助人们提高决策质量,减少决策的时间和成本。因此,决策是一门创造性的管理技术。决策的基本要素主要包括以下

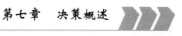

几个方面。

①决策者。决策者也叫决策主体。决策是由人做出的,人是决策的主体。在决策分析过程中,只承担提出问题或分析和评价方案等任务的决策主体称为"分析者",而在决策分析过程中,能做出最后决断的决策主体称为"领导者"。决策者可以是个体,也可以是群体,决策者的能力受社会、政治、经济、文化、心理等各方面因素的影响。由于决策是一个主观判断的过程,因此,决策者的素质与能力对决策的正确与否有着至关重要的影响。

②决策目标。决策目标是决策者要达到的目标,是决策的出发点和归宿。决策目标可以是一个,也可以是多个。决策是围绕着目标展开的,决策的开端是确定目标,终端是实现目标。决策目标既体现了决策主体的主观意志,也反映了客观事实,没有目标就无从决策。作为决策问题的目标,应当是能够通过一定方法转化为可测量的、能够直接或间接量化的指标,且具有或可以获得足够多的观测数据。

③行动方案。实现决策目标所采取的具体措施和手段。决策必须至少有两个可供选择的可行方案。方案有两种类型:一是明确的方案,具有有限个明确的具体方案;二是不明确方案,只说明产生方案的可能约束条件,方案个数可能有限个,也可能无限。

④自然状态。各个行动方案可能遇到或发生的状态,一般不易受人的控制,主要是根据对未来事态发展的预测、历史资料的研究等来确定各类自然状态的发生。对于同一个决策问题来说,各个自然状态的发生是互斥的。如明天可能下雨或者不下雨,但是下雨和不下雨这两个自然状态不可能同时发生。

⑤收益。收益是指各决策方案在不同自然状态下所出现的结果。是衡量决策结果对决策者价值的量化指标,结果值一般以货币的形式体现。

⑥决策准则。评价方案是否达到决策目标的标准,也是选择方案的依据。一般来说,决策准则有赖于决策者的价值取向或者偏好。

3. 决策的特点和属性

①决策的主观性。决策是一个主观思维过程,决策者是决策的灵魂。目标的选择,实现目标的手段的选择,是由决策者或决策群体做出的,从这一层面来说,决策具有主观性。更多的时候,决策反映了决策者的意志,尽管科学决策要求要尽量客观,但是凡是有人参与的活动,就一定会掺杂人的偏好,完全的客观是难以实现的。这种属性尤其体现在战略决策当中。决策是人的思维过程,其具体过程如图7.1所示。

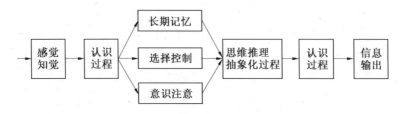

图 7.1　决策思维过程图

②决策的目的性。决策时首先要明确问题所在,任何决策都有目的,没有目的的决策等于无的放矢策。因此,在进行决策之前,有必要将问题研究透彻,明确进行决策的目的。问题越清晰,决策就越有效,也更容易获得成功。失败的决策往往都是问题不明确造成的。因此,明确决策的目的性是获得成功决策的关键。

③决策的选择性。决策的核心就是对方案的选择,只有一个方案,就无从优化,而不追求优化的决策是没有任何价值的。决策过程实质上就是选择过程,是在现有可行方案中选择其中最优的一个,从而实现决策目标。

④决策的风险性。所谓决策风险,是指在决策活动中,由于主、客体等多种不确定因素的存在,而导致决策活动不能达到预期目的的可能性及其后果。降低决策风险,减少决策失误,一直以来都是为人们所关注和探讨的问题。决策是面向未来的,而未来的部分环境或条件又是不可知、不可控的,同时决策者对待风险的态度也不同,因此决策具有难以预测的风险性。目前,尚无方法能够完全规避决策的风险。

⑤决策的科学性。尽管决策具有主观性,但是决策也不是简单拍板、随意决策,更不是头脑发热、信口开河、独断专行,而是在正确的理论指导下,按照一定的程序,运用决策技术和方法来进行决策,使直观判断最大限度地符合客观实际。从这一角度来说,决策具有科学性。但是,由于决策的灵魂是人,决策者的主观意愿对决策结果具有重要影响。而在决策过程中,决策者的主观偏好不可避免;同时,由于问题的复杂性,信息的不完全性和人们认知的局限性等,导致在很多问题的决策过程中,通常需要决策者来进行主观判断和评估,此时决策者的知识背景、对风险的敏感程度、所处的环境条件等都将影响最终的选择结果。从这一角度来说,决策又具有非科学性的一面。

⑥决策的时间性。决策的时间性也称时效性,是决策的时间效力。决策结果与时间关系密切,任何决策方案都具有一定的时间限制和要求,只有在某一时间内,或者某一时刻才是有效的。时间太短,可能会由于信息掌握得不全面而导致决

策失误;时间太长,又会因为丧失决策的最佳时机而导致决策失败。因此,抓住时机进行决策是取得决策效益的重要条件。

⑦决策的实践性。决策的目的是为了指导未来的实践活动。决策所选择出来的方案必须经过实践才能产生效果,才能实现决策目标。企业组织的任何活动都需要利用一定的资源,必须依靠必要的人力、物力、财力和技术条件。企业理论上非常完善的方案,如果不能付诸实施,不能进行实践,那也只能是空中楼阁,纸上谈兵,是起不到任何作用的。

⑧决策的经济性。决策是一个动态过程,不是决策者的瞬间主观臆断,而是在掌握大量信息、资料的基础上,经过系统分析、研究论证、思考判断等过程做出的。在这一过程中,信息和资料的准确性对决策的正确与否将产生重要的影响。而搜集信息和资料需要时间和资金,一般来说,信息越准确,资料搜集越多,对决策就越有利,但是付出的代价就越大,同时也存在决策的时效性问题。因此,并不是搜集的信息和资料越多越好,要把握好度,这就是决策的经济性。

⑨决策的动态性。从系统的思想来分析决策过程,决策是一个系统,这个系统的输入是有关决策对象的内部条件的信息(内部信息)和外部环境的信息(外部信息),而这个系统的输出是一种策略,即某种解决问题的方案,也就是决策。中间处理过程是决策者或决策机构的思维过程或者活动。方案的实施是一个动态过程,决策者或决策机构为了使做出的决策更加可靠,要把实施的结果不断反馈,通过反馈的结果对决策进行调整,以便将决策结果导向正确的目标。这一过程如图 7.2所示。

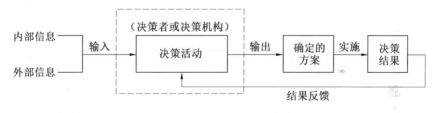

图 7.2 决策的动态过程

⑩优化准则的模糊性。随着社会的飞速发展以及科学技术的进步,知识和信息量大大增加,使决策问题面临的环境异常复杂,不确定性增加,有些决策信息不能被定量、精确地描述,因此,决策问题通常寻求不到最优解,而只能寻求"满意解"。

第二节　决策制订的过程与步骤

决策制订过程常常被描述为"在不同方案中进行选择",这种理解显然过于简单和片面,决策的制订是一个过程而不是简单的选择方案的行为。那么,决策制订的过程是怎样的呢?

具体来说,决策的制订过程从识别问题开始,到评价决策效果结束,共由八个步骤构成,如图7.3所示。

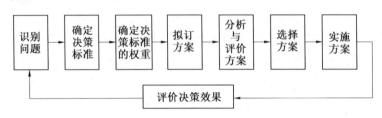

图7.3　决策的制订过程

（1）识别问题

决策最初始于一个存在的问题,或者说存在着现实与期望状态之间的差异。识别问题就是要弄清楚现实与期望状态之间的差异是什么。这是决策过程中最为重要也是最困难的环节。重要是因为问题识别不清楚,就无从决策;如果问题找错,那就一错百错。困难是因为真正的问题往往会被众多的表象所掩盖,需要我们进行深入的分析,才能将问题正确地找出来。那么怎样才能正确地判断问题呢?利用如下思维方式,管理者对问题的观察会更加细致和全面。

①比较差异,确定是否存在问题。

②判断问题是否严重,确定这个问题是否需要解决。

③进行初步调查,确定问题出在何处。

④进行深入调查,明确真正的问题及其可能的原因。

为了更加清晰地说明上述过程,不妨举一个简单的例子——买新车的决策。假设一家工厂公用轿车发生了严重故障,修车不经济,并且公司总部承诺工厂经理可以换新车。在这种情况下,经理需要一辆轿车和他现有的车不能使用这一事实间就存在着差异。问题的识别通常是困难的,因为现实中大部分问题并不像霓虹灯广告牌所显示出来的那样显而易见,比如,销售额下降了5%是问题吗?或者只是另一个问题的征兆,是产品过时,还是广告预算不足?而且还存在一个客观事实:同一个问题在一个经理看来是"问题",而另一个经理却认为这是"事情的满意

状态"。

问题识别是主观的,这是管理者的一种能力表现。那些错误地识别问题并完美地解决了错误问题的管理者与那些不能识别正确问题而没有采取行动的管理者的作用一样,都没有抓住问题的本质,没有实质性解决问题。在某些事情被认为是问题前,管理者必须意识到差异,他们不得不承受采取行动的压力,同时,他们必须有采取行动所需的资源。

怎么使管理者意识到事情的差异呢?显然,他们必须将事情的现状和某些标准进行比较。标准是什么?它可以是过去的绩效,预先设置的目标,或者组织中其他一些单位的绩效,或是其他组织中类似单位的绩效。

但一个没有压力的差异是一个可推迟到未来某个时间的问题。故作为决策过程的开端,问题必须给管理者施加某种压力,以促使其行动。压力包括组织政策、截止期限、财政危机、上司的期望或即将来临的绩效评定等。

最后,如果管理者觉得他们没有职权、资金、信息或其他采取行动所需的资源,那么他们不大可能将事情当作问题。当管理者觉察到一个问题并承受着采取行动的压力时,如果他们感到资源不足,那么他们往往会将这种情况描述成是因为不现实的期望造成的。

(2)确定决策标准

决策标准是做出决策的判断依据。管理者一旦确定了需要注意的问题,则对于解决问题中起重要作用的决策标准也必须加以确定。也就是说,管理者必须确定哪些因素与决策相关。

在上述买车的例子中,工厂经理必须评价哪些因素与他的决策相关。这些标准可能是价格、型号(双门还是四门)、体积(小型的还是中型的)、制造厂家(国外的还是国内的)、备选装置(自动换挡、空调等)以及维修记录等。这些标准反映出工厂经理的想法,这与他的决策是相关的。假设工厂经理经过慎重分析,结合工厂的实际情况,制订购买新车的决策标准为:价格、车内舒适性、耐用性、维修记录、性能和操作性。

无论明确表述与否,每一位决策者都有指引他决策的标准。在决策制订过程的这一步,不确认什么和确认什么是同等重要的。假如工厂经理认为燃料经济性不应该作为一个标准,那么它将不会影响他对轿车的最终选择。

(3)确定决策标准的权重

通常在做决策时,决策标准并不是同等重要的,为了在决策中恰当地考虑它们的优先权或重要性,我们需要确定决策标准的权重。

那么,决策者如何衡量标准的重要性呢?通常用到的方法是打分法。决策者可根据实际情况控制打分尺度。比如,可以给最重要的标准打10分,然后根据标准的重要性程度依次给余下的标准打分。与打5分的一个标准相比,最高分的标准将比其重要1倍,也可以从100分或1 000分打起。由于这一过程完全体现了决策者的个人偏好,所以主观性非常强,同时由于不同决策者的主观意愿不同,所以不同决策者对于同一个决策问题给出的标准权重是不同的。

表7.1列出了工厂经理更换轿车决策的标准及权重。在他的决策中,价格是最重要的标准,而性能及操作性的重要性要小得多。

表7.1 更换轿车决策的标准及权重

标准	起价	车内舒适性	耐用性	维修记录	性能	操作性
权重	10	8	5	5	3	1

由表7.1可知,该工厂经理认为价格是最重要的因素,车内舒适性次之,操作性最不重要。

(4)拟订方案

拟订方案阶段,要求决策者根据实际条件设计出能成功解决问题的可行方案。这一步往往也是最为困难的一步,因为解决问题的方法是最难寻找的。无论采用量化方法还是定性分析方法,尽可能将所有能够解决问题的可行方案全部找到或设计解决问题的全部可行方案。尤其需要注意的是,为了使决策具有可选性,同时也为了能够进行决策,拟订方案阶段一定要至少制订出两个或两个以上的可行方案,以供决策者进行分析选择。当然,这一步仅仅是寻找或者设计可行方案的过程,无须评价方案。对于更换轿车决策这一案例,假设工厂经理已经确定了英菲尼迪、大众迈腾、雷克萨斯等13种车型作为可行的选择方案。

(5)分析与评价方案

方案一旦拟订后,决策者必须结合实际情况对每一个方案进行系统的分析与评价,经过分析与评价后,每一个方案的优缺点就会变得比较明显,这样的方案才能够进行选择。

对于更换轿车的决策,依据表7.1所列的标准评价每一个方案。表7.2给出了工厂经理在对每一种车型的驾驶测试后,给出的13种车型在各评价标准下的评价值(10分为满分)。

在表7.2中,13种车型的得分是以工厂经理的评价为基础的。但是,并不是所有标准下的评价都是主观评价,有些评价可达到相当客观的程度。例如,购买价格是经理能从当地经销商那里得到的最低价格,这是一个客观数据,维修记录可以从消费者相关信息中获得维修频率数据。而对操纵性的评价显然是一种个人主观判

断。大多数决策包含主观判断,这就解释了为什么两个有同等钱数的买车人会关心两套截然不同的方案,即使是同一套方案其决策标准的权重为何不同。

表 7.2　各可行方案的评价值

编号	车型	方案权重标准					
		起价	车内舒适性	耐用性	维修记录	性能	操作性
		10	8	5	5	3	1
1	英菲尼迪	5	6	10	10	7	10
2	迈腾	7	8	5	6	4	7
3	雷克萨斯	5	8	4	5	8	7
4	红旗	6	8	6	7	7	7
5	捷豹	5	8	10	10	7	7
6	亚洲龙	7	7	5	4	7	7
7	别克君越	7	5	7	7	4	7
8	凯美瑞	8	5	7	9	7	7
9	雅阁	10	7	3	3	3	5
10	凯迪拉克	4	10	5	5	10	10
11	林肯	6	7	10	10	7	7
12	沃尔沃	4	7	5	4	10	8
13	奥迪	2	7	10	9	4	5

　　表 7.2 仅给出了 13 个方案相对于决策标准的评价,它并没有表达出各标准的权重信息。如果各标准的重要性都相同,那么只需将表 7.2 的每一行分别加总来评价方案。但现实是,并不是所有决策标准都具有相同的重要性。对方案进行总体评价时,需将每一方案在各决策标准下的评价值与该标准对应的权重相乘,经过求和得到的总分,即为每个方案的总评分。例如,捷豹的耐用性评价值为 50,是由耐用性权重评价得分(5)和经理依标准对捷豹的评价得分(10)相乘而得的。标准的权重极大地改变了本例中方案的排序。由方案总得分一项可知,林肯以 244 分排序第一,捷豹以 242 分排序第二,英菲尼迪以 229 分排在第三位,如表 7.3 所示。

表7.3　更换轿车决策的综合评价

编号	车型	方案权重标准						方案总得分
		起价	车内舒适性	耐用性	维修记录	性能	操作性	
		10	8	5	5	3	1	
1	英菲尼迪	5	6	10	10	7	10	229
2	迈腾	7	8	5	6	4	7	208
3	雷克萨斯	5	8	4	5	8	7	190
4	红旗	6	8	6	7	7	7	217
5	捷豹	5	8	10	10	7	7	242
6	亚洲龙	7	7	5	4	7	7	199
7	别克君越	7	5	7	7	4	7	199
8	凯美瑞	8	5	7	9	7	7	218
9	雅阁	10	7	3	3	3	5	200
10	凯迪拉克	4	10	5	5	10	10	210
11	林肯	6	7	10	10	7	7	244
12	沃尔沃	4	7	5	4	10	8	179
13	奥迪	2	7	5	9	4	7	188

(6)选择方案

在步骤(5)中将各个方案进行评价,计算出综合得分以后,就可以依据每个方案的综合得分来进行方案的选择。选择步骤(5)中得分最高的方案。在买轿车的例子中,决策者将选择标号为11的车辆——林肯作为最终的方案。

然而,必须说明的是,方案最终的选择是有由决策者完成的,决策者并不一定要选择得分最高的方案,尤其是当方案之间的得分相差较小的情况时,需要由决策者去权衡各方案的利弊,选择其中之一。这一过程中,决策者要运用判断理论。决策者在进行决断时,要注意以下几个问题。

①正确处理专家和决策者的关系。专家是参谋,不能代替决策者进行决策,决策者永远是决策的主人,不能被专家所左右。

②当专家提供各种背景材料和方案时,决策者要用科学的思维方法做出判断。决策者要有系统的战略观点,依靠开始确定的价值准则来审查方案。

③最终决策还与决策者的个人素质相关。怕担风险的决策者,对利益反应迟

钝,对损失比较敏感,这类决策者往往比较保守,会选择风险不大、利益也不大的方案;敢冒险的决策者,对利益比较敏感,对损失反应迟钝,这类决策者往往比较极端,会选择利益最大的方案,而不会考虑风险;中间型的决策者,取中间态度。

（7）实施方案

尽管已经完成了方案选择的过程,但如果方案得不到恰当的实施,仍可能导致失败的结果。所以,有必要对方案的实施加以说明。

实施是指将决策传递给有关人员并得到他们行动的承诺。正如稍后我们将在本章中谈到的,集体或委员会能帮助一个管理者实现承诺。如果必须执行决策的人参与了决策制订过程,那么他们更可能热情地去实现成果。

（8）评价决策效果

决策制订过程的最后一步就是评价决策效果,看它是否已解决了问题。步骤（6）选择的和步骤（7）实施的方案,取得理想的结果了吗?

评价的结果若发现问题依然存在会怎样呢?管理者需要仔细分析什么地方出了错。是没有正确认识问题吗?是在方案评价中出错了吗?是方案选对了但实施不当吗?对此类问题的回答将驱使管理者追溯前面的步骤,甚至可能需要重新开始整个决策过程。

第三节　问题与决策

管理者在一种决策情况下所面对的问题类型,通常决定了他如何对待此问题。我们针对问题和决策类型给出分类方案,然后,指出管理者采用的决策类型应如何反映问题的特征。

1. 问题的类型

（1）结构良好问题

有些问题很直观。决策者的目标是明确的,问题是熟悉的,与问题相关的信息是易确定和完整的。例如,一位顾客想向零售商店退货;一个供应商延迟了一项重要的交货;报纸不得不报道意外的、快速传播的新闻事件,以及大学处理一名留级的学生等。这些情况都称为结构良好问题。

结构良好问题（well-structured problems）,是指那些直观的、熟悉的和易确定的问题。

（2）结构不良问题

管理者面临的许多问题都是结构不良问题,例如,挑选一个建筑师设计一幢新的公司总部大楼就属于此情况之一,决定是否投资一种新的、未经证实的技术也属于这类决策。

结构不良问题(ill-structured problems),是新的或不同寻常的、有关问题的信息是含糊的或不完整的问题。

2. 决策的类型

在组织运营过程中,需要进行各种不同类型的决策。决策的分类方法很多,如根据决策要解决问题所涉及的范围大小可分为宏观决策和微观决策;根据决策环境的未来情况,可分为确定型决策和非确定型决策;根据决策目标的多少,又可分为单目标决策和多目标决策;根据决策的层次,可分为单级决策和多级决策;根据决策人数的多少,又可分为个人决策和群体决策等。对于管理决策来说,特别应提及的是安东尼模式和西蒙模式,尤其是西蒙模式。

(1)根据决策在组织中的地位分类(安东尼模式)

①战略决策。即关于组织发展方向、远景的决策,重点解决组织与外部环境的发展关系问题。

战略决策是全局性的,具有深远影响的决策。例如,企业的管理方针,长远发展规划的决策,有关增加新的生产能力和扩充现有生产能力的重大投资决策,企业产品结构和新产品开发的决策等。这些决策在很大程度上决定着企业的竞争能力,增长速度,以及最终决定着企业的成败。因此,战略决策是企业最重要的决策。

战略决策的特点是,决策后果的深远影响和风险性。它属于高层决策,要求决策者具有广博的知识和掌握全面的信息。

②战术决策。即关于实现战略决策的短期的、具体的决策,重点是解决如何组织内部力量的问题。

战术决策又称管理决策,其目的是为了实现战略决策目标,在人力、财力、物力等资源方面的准备和组织上所进行的决策,如全厂生产能力资源和劳动力的合理调配,运输和转运方案的选择,销售渠道的选定,广告和推销费用的预算等。

战术决策属于中层决策,其风险性也属中等。

③业务决策。即有关日常业务和计划的决策。

业务决策又称业务控制,其目的是为了提高日常业务的工作效率和经济性,如生产的进度管理、库存管理、销售管理和技术管理等都属于业务决策的范围。

业务决策属于基层决策。由于它的不确定因素少,可靠的原始资料和数据也比较多,因此可以利用比较精确的数量分析方法进行决策,决策结果也比较可靠。

根据相同决策出现的重复程度,可把决策分为两类(西蒙模式)。

（2）根据相同决策出现的重复程度分类

①程序化决策（programmed decision），也称例常性决策或结构化决策。即重复出现多次，已有决策经验、原则、程序的决策。例如，企业常规下的订货和物资供应，车间作业计划等都属于程序化决策。这类决策在中层和基层居多。

②非程序化决策（nonprogrammed decision），也称非结构化决策。即第一次出现或不经常出现的、复杂的、特殊的决策。这样的决策往往是由于出现了新情况或对新问题所做的决策。这种决策没有或很缺乏经验，完全要靠决策者的判断进行决策。例如，由于市场的变化，企业所做的关于开发新产品，引进或改造生产线的决策都属于非程序化决策。企业的高层决策多属于非程序化决策。

（3）根据决策由谁负责分类

①基层决策。即由基层负责的作业性决策。

②中层决策。即由中层负责的管理性决策。

③高层决策。即由组织最高领导层负责的决策，主要是战略性的和非程序性的。

（4）根据决策的可靠程度分类

①确定性决策。各种可行方案所需的条件都是已知的，并能预先准确了解决策的必然结果。

②风险性决策。每一个方案的执行都会出现几种不同的情况或状态，各种情况或状态都有一定的概率，这时决策存在着风险。

③不确定性决策。主要是供决策的各个方案存在几个不同的自然状态，而各种自然状态是否发生以及发生的概率是未知的，但可以估算不同状态下各个方案的结果。

（5）根据决策的主体分类

①个体决策。由个人所做出的决策。

②群体决策。由人数为两个或两个以上构成的群体所做出的决策。

3. 综合分析

图 7.4 描绘了问题类型、决策类型以及组织层次三者间的关系，图 7.5 描绘了决策类型之间的关系。问题类型决定了决策类型，组织层次又决定了所面临的问题。

从图 7.4 和图 7.5 中我们可以分析出，结构良好的问题是与程序化决策相对应的，结构不良问题需要非程序化决策。低层管理者主要处理熟悉的、重复发生的问题。因此，他们主要依靠像标准操作程序、日常业务和计划那样的程序化决策和业务决策。而越往上层的管理者,他们所面临的问题越可能是结构不良问题。为什么呢?因为低层管理者自己处理日常决策,仅把他们认为无前例可循的或困难的决策向上呈送。类似地,管理者将例行性决策授予下级,以便将自己的时间用于解决更棘手的问题。

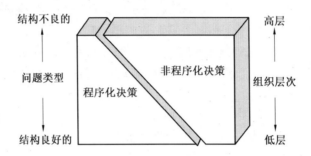

图 7.4　问题类型、决策类型与组织层次

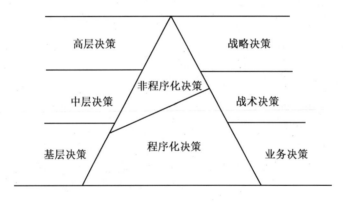

图 7.5　决策类型之间的关系

通过上面的介绍,我们知道处理结构良好问题最有效的途径是程序化的决策,而当问题是结构不良问题时,管理者必须依靠非程序化决策找到独特的解决办法。当问题属于结构良好问题,管理者不必陷入困境,费尽心机地建立一个复杂的决策过程。程序化决策是相对简单的,并且在很大程度上依赖以前的解决方法。故决策过程的"拟订方案"阶段,或不存在,或不起作用。

在许多情况下,程序化决策变成了依据先例的决策,管理者仅需按他人在相同情况下所做的那样执行。饮料溅到顾客的衣服上,并不需要餐厅经理确定决策标准及其权重,也不需要列出一系列可能的解决方案,经理只需求助于一个系统化的程序、规则或政策就可以了。

第四节 科学的决策

从人类历史和现实社会中成功与失败的决策案例中,人们认识到了决策对现代社会的重要作用,因此从中总结经验教训,找出决策过程的规律性,用以指导今后的决策活动,这是当前决策科学工作者的重要任务。为此,首先要明确什么样的决策才是科学的决策,然后再探索怎样去决策才能做到科学地决策。

1. 科学决策

①符合客观规律的决策,称为科学决策。科学决策是现代管理的本质和核心。正确决策是各项工作成功的重要前提,而科学决策理念则是正确决策的理论根基。

②从决策的属性我们知道,决策过程首先是人的主观活动,因此决策的效果如何,取决于人的主观认识是否符合客观规律。符合客观规律的认识就是科学,符合客观规律的决策就是科学的决策。但人们又不能等待决策实施之后,根据其成功与失败再来判断决策的科学性,这样做,万一决策是不科学的,必然会给社会带来极大的损失。因此,在决策付诸实施之前,就应该有一套检验的标准,以检查决策的科学性。一般说来,科学决策应该具备以下两个条件。

a. 具有明确而又正确的目标及时代性准则。我们做任何事情都有目的性,切忌无目标地随意行动。在我国,无论何种决策,都要以建设社会主义为根本目标,这是决策成为科学的决策的一个前提条件。所提出的目标要有针对性,切中问题的要害,要能够进行检查和衡量。同时,还必须考虑时代的特征。也就是说,决策目标要适应环境条件和环境的变化。对环境条件要做具体的、历史的分析,决策目标不超前也不落后。缺乏与当前时代形势相协调的决策目标,就不能称之为科学的决策。

b. 具有可行、可实施、可调节的决策方案。决策方案是为了实现决策目标,而不是与决策目标背道而驰。这是用来衡量决策方案是否科学的首要标准。决策方案必须是切实可行的,即从人力、物力、财力、科学技术能力等诸方面来说,决策方案都应该是能够顺利实施的。只有当决策方案既紧密围绕实现决策的目标,又具备可行的条件时,这样的决策才能称得上是正确的决策。实现决策方案所付出的人力、物力、财力和时间的代价要尽量小(经济性和时间性)。同时,决策方案要全面考虑,尽量减少风险。由于决策是对未来行动的一种决定,因而就有许多因未来发生变化而估计不到的情况,要求决策者有百分之百的把握是不现实的。但决策时应尽量充分考虑各种方案所冒的风险,根据可行性原则,在其他条件相同时,选

择风险小的方案较妥。此外,决策方案还应具备应变能力。一项决策要充分考虑潜在的问题以及相应的应变措施,以便在实施过程中一旦出现某些问题,可以及时加以补救,避免产生不应有的损失。所以应变能力的高低是衡量决策优劣的另一项标准。除此之外,决策方案还要具备可调性。决策是在行动之前就已做出的决定。由于现代社会发展的迅变性,以及决策(尤其是重大决策)从实施到完成,需要相当长的一段时间。在这种情况下,一成不变的情况几乎是不存在的,而变化是经常发生的,这就要求决策方案具备可调性,以适应变化的形势。最后,灵活性和可调性(动态性)是决策科学性的重要标志。

2. 如何科学地决策

决策是一个复杂的系统,它由决策者、决策对象、决策体制、决策程序、决策手段等要素构成。决策者是从事决策的人,决策对象是决策者进行决策的信息和事实,决策体制是决策活动的组织结构和制度的统一体,决策手段就是决策工具。一项决策是否科学不仅取决于各个决策要素质量的高低,而且还取决于它们组合方式的优良与否。科学决策是科学地进行决策的结果,而不科学的决策则往往是不科学地进行决策的结果。所以科学地决策是产生科学决策的前提条件。

①科学地进行决策,首要的一条,就是在做出决定时,要体现科学的严肃性。决策过程不应随意进行,更不应仓促而就。当然,世界上必须匆忙做出决定的事是存在的,不能绝对排除。但在做出决策前,我们必须充分了解决策对象的基本规律,知己知彼才能百战不殆。

②科学地进行决策,必须遵循决策主体的主观与客观相统一的规律、决策主体的理论与实践相统一的规律、决策主体的思维逻辑和客观现实的历史进程相统一的规律。

③科学地进行决策,应遵从科学的决策程序。科学决策并非凭空臆想,而是经过一个包含合理程序的过程才得出的。这个程序一般包括明确决策的目标、多方案严格比较、择优采用、对重大的决策问题还得进行必要的试验等。如果不遵守科学的决策程序而做出了决策,那么其很难是科学决策。

④科学地进行决策,应及时掌握可靠的信息。高质量的信息是决策的基础。决策科学性的高低,与决策所需要的情报资料及信息的质量和完整性关系极大。信息质量越高、越真实可靠,收集到的信息越充分完整,决策的基础就越坚实,其科学化程度就越高。同时,决策是具有时间性的,因此收集信息时也要做到及时掌握可靠的信息。

⑤科学地进行决策,应采用科学的决策技术与方法。没有科学的理论和方法

论,就谈不上科学地进行决策。随着大数据时代的到来,加快数字化转型已成为企业发展的重要趋势,数字技术在企业决策中,对宏观数据分析、市场分析预测、供应链管理和市场风险评估等方面发挥着重要作用。运用数字技术进行智能化决策,对促进企业决策科学性的提高具有重要指导意义。

⑥科学地进行决策,决策者必须具备非常高的素质。决策本质上是决策者对获取的大量信息进行加工、处理、分析、判断,并加以抽象的过程。因此,决策者的素质对决策而言至关重要,直接影响了决策的结果。作为决策者必须提高自身的思维品格、道德修养、知识水平、工作能力和创新精神,切实增强自身的素质,使决策不断接近科学。

⑦科学地进行决策,还需要构建合适的决策机构。因为个人的知识和能力都是有限的,尤其是在面对重大决策时,单凭一人之力往往难以胜任。因此,需要构建一个组织与分工明确的专门决策机构,负责决策权的合理分配、确保决策过程的合法手续,以及协调各部门之间的决策目标,以确保决策的科学性、全面性和有效性。

⑧科学地进行决策,要具备良好的反馈系统。这是为了提高决策系统质量,保证决策的科学性或变非科学的决策为科学的决策而必不可少的。由于外界环境和客观需要的不断变化,我们必须根据变化的情况和实践所反馈的信息对初始决策做出相应的改变或调整,以使决策更加合理和科学。

3. 科学决策的重要意义

决策在社会、经济、军事以及企业、团体,甚至个人生活活动中的重要地位,自古以来就为人们所认识。从古至今,在人类社会发展的历史长河中,前进与后退、成功与失败无不与决策的正确与否有关。在中国历史上有很多著名的决策例子,如《二十四史》《资治通鉴》《孙子兵法》等,都记载着历史上各个时期在政治、经济、军事等各方面的各种决策活动。如脍炙人口的"隆中对",就是诸葛亮在饱读经书和历史,仔细分析时局的基础上,为刘备提出的战略决策。在这个决策的指导下,刘备在诸葛亮的辅佐下从无到有、从小到大,最后建立了蜀汉政权,与魏、吴两国形成了三国鼎立的局面。

对于一个企业来说也是如此,正确的决策会使企业蓬勃发展,带来丰厚的利润。

如美国著名的贝尔电话公司之所以能够成长为长期稳定发展的大型民办企业,其成功的关键在于贝尔总经理一生所做的四项重大决策,这四项决策分别是:①确定为顾客服务,不以盈利为目标的经营宗旨。②建立群众对企业监督的体制。

③建立技术更新发源的贝尔电话研究所。④通过家庭主妇入股集资来确保财源。

再如,日本的尼西奇公司原本是一个只有 30 多名员工、主要生产雨衣的小型企业。由于产品滞销,公司一度面临破产的困境。然而,公司经理多川博在深思熟虑公司的未来时,偶然看到了一份人口普查资料,其中提到日本每年有 250 万新生儿出生。他敏锐地意识到,这些新生儿急需的尿布市场被大企业忽视,而这正是小企业转型创新的绝佳机会。因此,他果断决策,将公司全部资源转投到尿布生产上。在短短的两三年内,尼西奇公司不仅成功占领了日本市场,还逐步打入国际市场,最终成了全球知名的"尿布大王"。

又如,从 1989 年开始,以黄江先生为代表的画家进驻中国深圳大芬村,开始从事行画的创作与销售。那时,大芬村还较荒凉,交通不方便,最高楼层仅为三层,大多数为两层。黄先生手下的一个画工吴瑞球组建了一个画室,开始大批量生产行画。如今,他的集艺苑油画有限公司已是大芬村最大的油画公司。在一次广交会上,他接到 40 万张(20 cm×25 cm)的油画订单(同一画面),并要求 40 天交货,当时他的公司大约有 250 名油画工,怎样才能按期保质保量地完成合同呢?于是,他决定采用流水作业的方式(如:有山、水、鸟、蓝天的画面,有人专门花山、画水、画鸟、画蓝天),这样才能保证每一张画的一致性和时间性。到了 1997 年,大芬村的油画出口总额达到了 3 000 万元。但政府并不知道这种情况。因为画家、画工都是在楼里作画,画完运送到深圳,直接出口。政府得知后,意识到这是一个有希望的产业,于是政府开始参与,为油画生产企业改善环境建设,到国内外寻找市场,调整发展模式等。到目前,大芬村内已拥有 1 100 家以油画为主的各类经营门店,居住着超过 8 000 名画家和画工,每年营业额高达 50 亿元人民币。大芬村的发展具有世界眼光,提供大众通俗的艺术产品,并朝着高档的绘画作品方向发展,实现文化产业规模化和产业化。大芬村被专家们称为"艺术与市场在这里对接,才华与财富在这里转换"的摇篮。

然而,错误的决策又会使企业陷入困境,甚至破产。

如美国闻名世界的克莱斯特汽车公司,它是美国仅次于通用和福特两家汽车公司的大型企业,曾在 1979 年的 9 个月中亏损高达 7 亿美元,打破了美国有史以来的最高纪录。原因就是决策的失误。1973 年,全球遭遇了"石油危机",使汽车生产受到严重影响,当时美国所有汽车公司都受到一定影响。通用和福特公司吸取教训随机应变,改变了经营方针,开始设计和制造耗油少的小型汽车,而克莱斯特公司却仍然生产耗油量大的大型汽车,结果在 1978 年出现第二次石油危机时,很少有人购买大型汽车,使得存货积压,销售不出去,每天损失 200 万美元,导致企业濒于破产,董事长也引咎辞职。

再如,20世纪60年代世界民航飞机的发展,在大型民航客机发展上曾有两种不同的发展决策。一是以美国波音公司为代表,从技术实力上看,波音公司完全有把握生产出超音速大型客机,但是他们认为决定民用客机的主要因素应是市场需求、70年代的竞技水平和旅客的经济承受能力等经济要求。于是做出了发展略低于音速的、安全可靠的、经济性好的波音系列宽体式大型客机。与此同时,英法协和集团却较多地考虑了超音速的要求,使造价过高,经济性差。结果波音公司获得了很大的成功,在世界民航市场上占了很大的份额,获得了数百亿的利润(仅1987年就获利50亿美元),而协和集团却损失了30亿美元。由此可见,正确决策所起的作用。

又如2009年6月1日,刚刚度过100岁生日的通用汽车走上了破产重组之路。曾经不可一世的汽车巨头沦落至此,令人扼腕叹息。通用汽车为何会陷入困境,专家进行了深入研究,总结起来无非就那么几条——高居不下的制造成本和员工福利、强悍的劳工组织与公司管理层对立、无视油价上涨而忽视节能产品的研发等,这些问题更多的是企业管理的问题。但是,如果我们从营销角度分析,会发现通用汽车在营销方面的失误,其实早在几十年前就埋下了企业经营失败的种子,而这种失误在几十年前,却被世人赞誉为伟大的营销战略,这就是通用汽车引以为傲的多品牌战略。通用汽车的多品牌战略源自20世纪初通用汽车创始人之一的威廉·杜兰特(William Durant),在任职时,他重组别克以及收购凯迪拉克、奥兹莫比尔等多个品牌。随后上任的斯隆(Sloan)将杜兰特的理念进一步发扬光大,提出了市场细分理论。斯隆的市场细分战略奠定了通用汽车多品牌战略的理论基石。彼时,正值美国社会阶层分化、中产阶级迅速崛起,消费者对个性化汽车的追求成为一种潮流。而当时福特汽车提供给消费者的基本上是千篇一律的汽车。此时,通用汽车采取多品牌战略,让产品线覆盖几乎所有的潜在购车者,以此作为打败福特汽车、登上世界车坛霸主的重要武器。在通用汽车的鼎盛时期,其旗下拥有凯迪拉克、别克、雪佛兰、土星、庞蒂亚克、奥兹莫比尔、欧宝、SAAB等多个品牌,参股五十铃、菲亚特等多家汽车公司,组成了一个庞大的汽车帝国。随着时间的推移,多品牌战略日渐显露出它的弊端。首先,各个品牌都在独立运作,造成品牌之间沟通困难,在研发、制造、营销、服务等方面未能有效整合,无形之中增大了成本。其次,实施多品牌战略的初衷是对市场进行细分,但由于品牌过多,致使品牌之间的界限模糊不清,不仅给消费者带来选择的困惑,也造成了品牌之间的内耗。更为关键的是,由于旗下品牌太多,通用汽车一直无法集中力量开发一款或数款能够真正拉动销量的全球战略车型。全球战略车型销量巨大,可以让成本降到最低,大幅度提高单车的销售利润,丰田、本田的崛起,根本原因就在于卡罗拉、凯美瑞、雅阁、思域等全球战略车型的优异表现。但是,通用汽车却一直没有一款真正意义上的全球战略车型,相反,它不停地在各个细分市场上进行研发,不仅加大了研发成本,而且还失去了宝贵的市场和利润增长空间。通用汽车多品牌战略的出发点没有错,但错在其过于多品牌化。市场细分是必要的,但过度细分只会增加制造成本和营销成本。当2008年世界金融危机到来之时,通用没能及早觉醒,走上了破产重组之路。

科学决策是近代以来社会理性化的一项成果,是将人的行动建立在合理决策的基础上,这大大增强了行动的自觉性。但随着社会的发展,20世纪成长起来的科学决策模式正受到不确定性的挑战,科学决策的结构、过程和方法都不再能够实现对不确定性的认识和控制,反而在任何一项控制不确定性的努力中都会制造出风险。高度复杂性和高度不确定性就是风险社会的特征,我们今天正处在风险社会中,当我们坚持带着科学的态度去在风险社会中开展行动时,首先要做的工作就是对既成的科学决策的套路进行再审视,即用科学的态度去反思、扬弃和超越它。在这种情况下,我们必须做的就是致力于探讨如何在风险社会中进行决策和开展行动的问题。

第八章 单目标决策方法

第一节 引　　言

决策者面临的更具挑战的任务之一,就是分析决策方案(决策制订过程的第五步),本章将分别在三种不同的情况下,讨论并分析单目标决策定量方法。

1. 单目标决策

只有一个目标的决策问题,称为单目标决策问题,相应的求解方法称为单目标决策方法。

实际上,对于管理中的实际问题,单目标决策往往是对问题在某种程度上的简化,重点在于抓住问题的主要矛盾,忽略其对企业没有明显影响的次要因素,集中力量落实企业核心战略。当环境发生变化,或企业战略进行调整,或当我们以不同的角度研究问题时,决策目标有可能发生变化。

2. 单目标决策的优化

用单目标数学模型求解实际的管理和决策问题时,总是假定在单一目标和约束条件都不变的情况下,寻求绝对意义的最优解,而且这个最优解如果存在,则常常是唯一的。因此,在单目标优化问题中,对任何两个函数的解,只要比较它们的函数大小,总可以从中找出一个最优解,并且能够排出各个函数值的顺序。

在任何决策过程中,都直接或间接地含有能够排列方案的序列关系。如果这种序列关系反映了决策者的偏好,则称这种关系为偏好序。对于单目标决策问题,偏好序与该目标(或属性)数量的大小是一致的。例如,当采用费用最小准则选择工程设计方案时,无须事先了解决策者的偏好序,只要应用适当的优化技术就可以解决。这就是说,相应目标函数值小的方案就是决策者偏好的方案,或偏好序中的最优方案。

3. 影响决策结果的因素

我们知道,任何一个可行方案,都要受到以下几个因素的影响。

（1）自然状态（n）

各可行方案可能遇到或发生的状态，一般不易受人控制，各类自然状态的确定，主要是根据对未来事态发展的预测和历史资料的研究等，用 n 表示自然状态。

（2）每种自然状态可能发生的概率值

每种自然状态可能发生的概率值，一般是根据以往的经验加以确定。自然状态的发生有其概率性，同时也是相互排斥的，所以他们发生的概率值总和为 1，即

$$\sum_{i=1}^{n} p_j = 1$$

式中，p_j 为各种可行性方案的自然状态的概率值。

（3）损益值（a_{ij}）

损益值是各种方案在不同的自然因素影响下所产生的效果的数量，也称益损值。它因效果的含义不同而不同，效果可以是费用的数值，也可以是利润的数量，一般用 a_{ij} 表示。收益或损失都是相对的概念而不是绝对概念，具有一定的主观性。

第二节　损益值比较法

每种可行性方案都有其损益值效果，不同的方案其损益值是不同的，损益值的获得是应用系统分析方法建立模型，应用优化方法计算出结果。

影响方案的因素主要是以上三个因素。一般来说，决策者在分析决策方案时可能会遇到的情况是确定性、风险性和不确定性。下面我们将给大家介绍损益值方法在不同情况中的应用。

1. 确定性决策

制订决策的理想状态是具有确定性，由于每一个方案的结果是已知的，所以决策者能够做出理想而精确的决策。正如你预料的那样，这并不是做大多数决策的情况，它比实际更理想化。

例 8.1　某企业生产一种新产品，若需求量大，则大量投资工厂的扩建；若市场需求量小，则利用现有厂房和设备生产，其中两种状态的获利情况估算如表 8.1 所示。

如果我们能肯定市场未来的需求情况，那么就可以做出决策，假如经市场预测肯定未来对该产品的需求量大，那么我们选择第一个方案，大量投资。工厂扩建每年可获利 200 万元，这就属于确定性决策。

表 8.1   例 8.1 未来市场需求情况每年损益值   单位:万元

投资方案	需求量大	需求量小
大量投资	200	-10
少量投资	20	8

这是个简单的例子,但确定性决策并非都如此简单。当决策的可行性方案较多且附加许多约束条件时,还要利用运筹学(线性规划、非线性规划、动态规划、图论等)等,来得到确定的最优解。这些数学方法已有专门的应用数学分支进行研究,这里就不再对此进行讨论了。

2. 风险性决策

一个更接近实际的情况是风险。所谓风险,是指那些决策者可以估计某一结果或方案的概率的情形。风险性决策的主要方法有:期望值法、机会均等法、最大可能法和敏感性分析。其中期望值法应用较广。

(1)期望值法

这种方法是以期望值准则为依据,计算每个方案的期望值,以此选择最大或最小值方案为最优方案。

设:某方案可能遇到的 n 种自然状态,各种自然状态出现的概率为 p_j,若方案 1 在第 j 种状态下的损益值为 a_{1j},则方案 1 在各种自然状态下的期望值为

$$E_1 = \sum_{j=1}^{n} a_{1j} \cdot p_j$$

设有 m 种方案,$i = 1,2,3,\cdots,m$,则反复应用 m 次,即可计算出各种方案的期望值,将这些损益期望值进行比较,选择其中最大者或最小者为最优方案,收益期望值最大即相应损失期望值最小。由此,有

$$E_i = \sum_{j=1}^{n} a_{ij} \cdot p_j \tag{8.1}$$

式中,E_i 为 i 方案的期望值;a_{ij} 为 i 方案 j 状态的损益值;p_j 为 j 状态的概率值;n 为自然状态。

例 8.2   某机械厂为适应市场对产品的需求,可采用三个方案,一是现有工厂扩建,二是新建工厂,三是合同承包,各方案损益值及其他条件如表 8.2 所示,试确定决策结果。

表 8.2　例 8.2 各方案损益值和自然状态

方案	高需求(n) $p_j = 0.5$	中需求(n) $p_j = 0.3$	低需求(n) $p_j = 0.1$	无需求(n) $p_j = 0.1$
	a_{ij}			
扩建	50	25	−25	−45
新建	70	30	−40	−80
承包	30	15	−10	−10

解

$$E_1 = \sum_{j=1}^{4} a_{1j} \cdot p_j = a_{11}p_1 + a_{12}p_2 + a_{13}p_3 + a_{14}p_4$$
$$= 0.5 \times 50 + 0.3 \times 25 + 0.1 \times (-25) + 0.1 \times (-45)$$
$$= 25 + 7.5 - 2.5 - 4.5 = 25.5 \text{ 万元}$$

$$E_2 = a_{21}p_1 + a_{22}p_2 + a_{23}p_3 + a_{24}p_4$$
$$= 0.5 \times 70 + 0.3 \times 30 - 0.1 \times 40 - 0.1 \times 80$$
$$= 35 + 9 - 4 - 8 = 32 \text{ 万元}$$

$$E_3 = a_{31}p_1 + a_{32}p_2 + a_{33}p_3 + a_{34}p_4$$
$$= 0.5 \times 30 + 0.3 \times 15 - 0.1 \times 10 - 0.1 \times 10$$
$$= 15 + 4.5 - 1 - 1 = 17.5 \text{ 万元}$$

由期望值可知,新建方案最大,因此选择新建方案作为决策结果。

然而,期望值掩盖了在偶然情况下的损失,所以这种决策存在风险。

(2)机会均等法

机会均等法是以平均概率作为计算期望值的依据。

这是在缺乏历史资料或者历史资料很少的情况下而采取的方法,例 8.2 所讲的例子,利用此种方法就是计算概率都为 0.25 时各方案的期望值,取最大的方案作为决策结果。

(3)最大可能法

最大可能法就是从概率最大的自然状态选择收益最大的方案作为决策结果。

例 8.2 中,高需求的概率最大,而在高需求这种自然状态下利润值最大的是新建方案,故选其为决策结果。

但是,如果自然状态变化不大,数目又多,且各自发生率相差较小或近似相等,不同方案在同一自然状态下收益值相差不大时,采用此法,可能会出现较大的误差。

（4）敏感性分析

敏感性分析是一种定量方法，用于评估在给定模型或系统中，输入参数的变化如何影响输出结果。其核心在于识别哪些参数对模型结果的影响最大，从而为决策提供依据。常见的敏感性分析方法包括单变量分析和多变量分析，其中单变量分析侧重于单一输入参数对输出的影响，而多变量分析则考虑多个参数的联合效应。此外，全局敏感性分析通过考虑所有可能的输入组合来评估其对输出的整体影响，而局部敏感性分析则关注特定输入范围的影响。这些方法在不同领域，如金融、工程和生物医学等，均有广泛应用。

敏感性分析在解决单目标决策时，是指如果一个方案遇到某些因素的变化就高度敏感，很不稳定，期望收益值大大降低，那么就不应该选择这种方案，只有那种遇到不利因素变化不是很敏感，比较稳定，而遇到有利因素变化能大大增加经济效益的方案才是我们应该选择的方案。

3. 不确定性决策

如果我们必须做决策，在既不属于确定性情况也无法估计概率的情况下，我们称此情形为不确定性状态，这时的选择将取决于决策者的态度和经验。这类决策一般有三种原则可作为决策的依据。

（1）悲观原则（小中取大）

最大化最小的可能收入。即从每个方案中选取最小的值，再从最小值中选取一个最大值，这个最大值所对应的方案即为决策结果。

例 8.3 某企业准备生产一种新产品，有三种可行方案，其中，新建一个车间，扩建原有车间，改造原车间的一条生产线，对新产品市场需求的情况只能做出大致的估计，三种方案在未来五年内的损益值如表 8.3 所示，请用悲观原则确定最佳决策方案。

表 8.3 例 8.3 各方案损益值和自然状态 单位:万元

方案	高需求(n)	中需求(n)	低需求(n)
	损益值		
新建车间	60	20	−25
扩建车间	40	25	0
改造生产线	20	15	10

解 在本例中，新建车间方案最小值为−25 万元，扩建车间方案中最小值为 0 万元，改造生产线方案的最小值为 10 万元，根据悲观原则（小中取大），从−25 万元、0 万元、10 万元中选择一个最大值，故改造生产线方案为最佳决策方案。

悲观原则属于保守型的决策,体现了决策者稳重的行为,追求极大极小方案。

(2)乐观原则(大中取大)

最大化最大的可能收入。即从每一个方案中选取一个最大值,再从最大值中选取一个最大值,这个最大值所对应的方案即为决策结果。

在例8.3中,新建车间方案的最大值为60万元,扩建车间方案的最大值为40万元,改造生产线方案的最大值为20万元,很显然,60万元为最大值,则最佳决策方案是新建车间。

乐观原则与悲观原则恰恰相反,决策者会选择极大极大方案。

(3)最小后悔原则(大中取小)

当某一状态出现时,就会明确哪个方案最优,即收益值最大。如果决策者原先未采用这个方案,而采取其他方案,这时就会感到后悔,后悔程度用后悔值表示。后悔值是指最大收益值与采取方案的收益值之差。

最小化其最大"后悔"的可能遗憾。即是先找出各个方案的最大后悔值,再从最大的后悔值中选取一个最小值,这个最小值所对应的方案即为决策结果。

在例8.3中,后悔值的求法为:

当对新产品市场需求确定为高需求状态时,最优方案是新建车间。

采用新建车间方案,后悔值是0万元;采用扩建方案,后悔值 = 60−40 = 20万元;采用改造生产线方案,后悔值 = 60−20 = 40万元。

当对新产品市场需求确定为中需求状态时,最优方案是扩建车间。

采用新建车间方案,后悔值 = 25−20 = 5万元;采用扩建方案,后悔值是0万元;采用改造生产线方案,后悔值 = 25−15 = 10万元。

当对新产品市场需求确定为低需求状态时,最优方案是改造生产线。

采用新建车间方案,后悔值 = 10+25 = 35万元;采用扩建方案,后悔值是10万元;采用改造生产线方案,后悔值是0万元。

所有计算值可填入表8.4。

表8.4　后悔值　　　　　　　　　　　　　　　　　　单位:万元

方案	高需求(n)	中需求(n)	低需求(n)	最大后悔值
	损益值			
新建车间	0	5	35	35
扩建车间	20	0	10	20
改造生产线	40	10	0	40

最大后悔值中的最小值是 20 万元,故最佳决策方案是扩建车间。

例 8.4　甲银行的营销经理为了推广一种信用卡而制订了四种可能的战略,在制订这四种战略时,这位营销经理发现乙银行也在本地区推广另一种信用卡,并采取了三种竞争性行为,于是甲银行的营销经理列出了一个模型,表 8.5 表明甲银行的各种战略以及在乙银行采取竞争下甲银行的最终利润。请问营销经理可能采用的决策?

表 8.5　例 8.4 各方案损益值及自然状态　　　　　　　单位:百万元

方案	自然状态		
	n_1	n_2	n_3
S_1	13	14	11
S_2	9	15	18
S_3	24	21	15
S_4	18	14	28

解　在本例中,需要用三种原则进行分析。

如果甲银行的营销经理是一位悲观主义者,那么他将只能想到可能发生的最坏的情况,每一种方案的最坏结果为:$S_1 = 11$,$S_2 = 9$,$S_3 = 15$,$S_4 = 14$,依据小中取大原则,他将选择 S_3 方案。

如果甲银行的营销经理是一位乐观主义者,他将选择 $S_4 = 2\,800$ 万元的方案。

如果甲银行的营销经理用遗憾矩阵的话,那么他将得到表 8.6。

表 8.6 遗憾矩阵　　　　　　　　　　　　　　　单位:百万元

方案 (甲营销战略)	自然状态(乙竞争行动)			
	n_1	n_2	n_3	最大遗憾值
S_1	11	7	17	17
S_2	15	6	10	15
S_3	0	0	13	13
S_4	6	7	0	7

最大遗憾值分别为:$S_1 = 17$;$S_2 = 15$;$S_3 = 13$;$S_4 = 7$。由于极小极大选择是最小化的最大遗憾,所以营销经理应选择 S_4 方案。

做此选择,甲银行的营销经理无须担心利润的损失会超过 700 万元。相比之下,如果甲银行的营销经理选择了 S_2 方案,而乙银行的营销经理采用 n_1 行动,那么甲银行将少获得 1 500 万元。

第三节　决策树法

对于风险决策,还可以用决策树模型来进行决策。

(1)决策树模型的一般结构

决策树是以方框和圆圈为结点,并用直线把它们连接起来构成的形似树状结构的图,如图8.1所示。

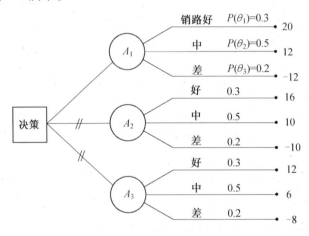

图8.1　决策树图

①决策点。图8.1中的方框表示决策点,它引出分枝,代表可采取的行动,也就是说决策人必须在此做决策选择。

②状态点。图8.1中的圆圈表示状态点,是指自然状态,它引出的分枝概率为概率分枝。

③概率枝。需在概率枝旁注明该种自然状态所发生的概率值。

④损益点(或报酬点)。图8.1中树梢的数值为该种状态下的收益值或损失值。

⑤剪枝。图8.1中的"//"表示剪枝,即淘汰枝。

(2)决策树的绘制

决策树的绘制是从左到右进行的(从树根到树梢进行的),首先绘制出一个决策点代表可采取的行动,由决策点引出方案枝(方案枝最少为2个),方案枝接的点为状态点,状态点代表可能发生的自然状态,由状态点引出的枝为概率枝(上面注明概率值),如果继续进行决策,概率枝所接的点为决策点,否则为损益点或报酬点,即为某个方案在该状态下的损益值。在这个结构中,始于决策点,终于损益点或报酬点。同时为了使决策树更加直观和清晰,最后需要给决策点和状态点编号。编号的顺序为从左向右、从上向下进行,并且决策点和状态点单独进行编号。绘制决策树图是非常重要的,它的正确与否,直接关系到决策结果。

(3)决策树的分析

一般从每个树梢(损益点或报酬点)开始,逐段向根部(原始决策点)进行。在分析中,凡遇到自然状态都先算出期望值,并把结果值标在状态结点旁边;凡遇到决策点,保留具有最大期望值的树枝(方案),同时剪去其他期望值相对较小的树枝。利用这种方法修剪决策树,直至根部而保留的枝(方案)即为最佳决策方案。

(4)决策树模型的特点

决策树模型不仅适用于单段风险性决策,也适用于分析多段风险性决策。它的突出特点是简单、直观、易于被广大决策人员所掌握,在管理上多用于较复杂问题的决策。

例8.5 某地生产传统名优产品的轻工企业,为了进一步满足市场需求,拟订企业发展规划,现有三种方案可供选择,三种方案的服务期均为十年,内容如表8.7所示。请确定决策方案。

表8.7 例8.5各方案损益值及自然状态 单位:万元

可行方案	概率和损益值		
	销路好 0.5	一般 0.3	销路差 0.2
扩建(投资100)	100	60	−10
合同外包(40)	50	30	0
新建(200)	100	60	−40

解 ①绘制决策树,如图8.2所示。

②计算期望值

$$E_1 = [100 \times 0.5 + 60 \times 0.3 + (-10) \times 0.2] \times 10 = 660 \text{ 万元}$$

$$E_2 = [50 \times 0.5 + 30 \times 0.3 + 0 \times 0.2] \times 10 = 340 \text{ 万元}$$

$$E_3 = [100 \times 0.5 + 60 \times 0.3 - 40 \times 0.2] \times 10 = 600 \text{ 万元}$$

③计算净收益。

扩建:660−100=560万元。

合同外包:340−40=300万元。

新建:600−200=400万元。

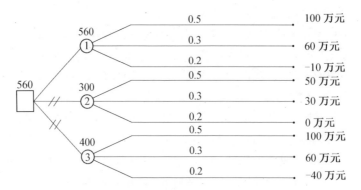

图8.2 例8.5决策树图

④修枝。减掉合同外包和新建方案,如图8.2所示。

⑤确定决策方案。选择净收益最大的方案——扩建。

例8.6 某企业计划生产某产品,预计该种产品销路好时,概率为0.7;销路差时,概率为0.3,可采用的方案有三种:方案1,建设一新车间,使用期十年;方案2,改进现有设备即维持原生产,再组成新产品生产线,使用期十年;方案3,先按方案2进行,若销路好,三年后扩建,扩建部分使用期七年,有关数据如表8.8所示,请确定决策结果。

表8.8 例8.6各方案损益值及自然状态 单位:万元

| 方案 | 投资额 | | 每年收益 | | | |
| | 当年 | 三年后 | 前三年 | | 后七年 | |
			销路好	销路差	销路好	销路差
1	300	0	100	−20	100	−20
2	120	0	30	20	30	20
3	120	160	30	20	100	20

解 第1步,绘制决策树,如图8.3所示。

第2步,计算净收益并剪枝,如图8.3所示。

状态点①的净收益为$100×0.7×10+(−20)×10×0.3−300=340$万元。

状态点②的净收益为$30×10×0.7+20×10×0.3−120=150$万元。

状态点③的净收益为$(540+30×3)×0.7+20×10×0.3−120=381$万元。

状态点④的净收益为$100×7−160=540$万元。

状态点⑤的净收益为$30×7=210$万元。

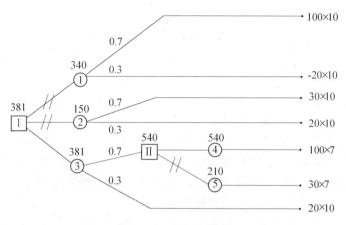

图 8.3 例 8.6 决策树图

第 3 步,比较收益值,选择效益好的方案,即先改造后扩建的方案。

例 8.7 几家企业准备合资兴建一个工厂,股金为 2 万元,投资的不确定因素是能否在当年制造出合格产品,其成功与失败的概率分别为 0.6 和 0.4,在投资成功的情况下,初期可获净利 4 万元,如果投资失败,将损失股金 2 万元,若第一次投资成功,将参加新的合股投资。第二阶段投资股金为 6 万元。新的投资若成功将获净利 8 万元,若失败将损失股金 6 万元,新股投资成功与失败的概率均为 0.5,请问该企业领导人该如何决策?

解 第 1 步,绘制决策树,如图 8.4 所示。

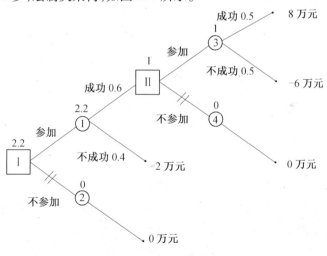

图 8.4 例 8.7 决策树图

第2步,计算净收益值并剪枝,如图8.4所示。

结点①的期望值为(1+4)×0.6−0.4×2=3−0.8=2.2万元。

结点②的期望值为0万元。

结点③的期望值为8×0.5−6×0.5=4−3=1万元。

结点④的期望值为0万元。

第3步,最终,企业的决策是参加投资成功后再投资。

例8.8 华南造船厂正与外商洽谈制造商船事宜,根据外商提供的要求,只有当第Ⅰ号船检验合格之后才同意签第Ⅱ号或第Ⅲ号船的制造合同。因为这三艘船的型号不同,故各自通过检验的概率以及预期的收益和损失也会有所不同,其他条件在绘制图形中给出。试画出决策树并确定最优方案。

解 第1步,绘制决策树,如图8.5所示。

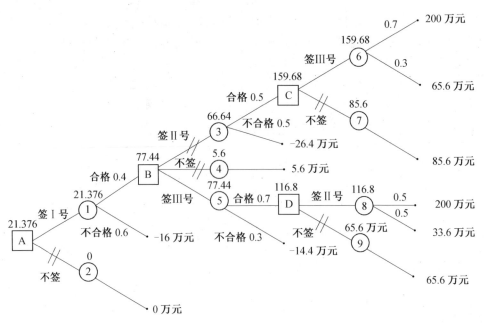

图8.5 例8.8决策树图

第2步,计算净收益值并剪枝,如图8.5所示。

结点⑥的期望值为200×0.7+0.3×65.6=140+19.68=159.68万元。

结点⑦的期望值为85.6万元。

因159.68>85.6,故剪去不签第Ⅲ号船的合同分枝。

结点⑧的期望值为200×0.5+33.6×0.5=116.8万元。

结点⑨的期望值为 65.6 万元。

因 116.8>65.6,故剪去不签第Ⅱ号船的合同分枝。

结点③的期望值为 159.68×0.5−26.4×0.5＝66.64 万元。

结点④的期望值为 5.6 万元。

结点⑤的期望值为 116.8×0.7−14.4×0.3＝77.44 万元。

因 77.44>66.64>5.6,故剪去不签第Ⅱ号船的合同和签第Ⅱ号船的合同的分枝。

结点①的期望值为 77.44×0.4−16×0.6＝30.976−9.6＝21.376 万元。

结点②的期望值为 0 万元。

因 21.376>0,故剪去不签订合同分枝。

第 3 步,最优方案是签订第Ⅰ号船的合同,检验合格后签订第Ⅲ号船的合同,检验通过后再签订第Ⅱ号船的合同。

以上例子均为单段风险性决策问题。而在实际中很多决策问题,需要做多次决策,这些决策按先后顺序分为几个阶段,后一阶段的决策内容依赖于前一阶段的决策结果及前一阶段决策后出现的状态。同时,在做前一次决策时,也必须考虑后一阶段的决策情况。一个决策问题,如果需要几次决策才能解决,则称其为多阶段决策问题。下面介绍一个多段风险性决策的例子。

例8.9　具有竞争的多阶段决策,某企业计划开发新产品,研制费约需 7 万元,新产品利润主要取决于下列三种情况:

①其他企业是否引入新产品。

②本企业开展推销活动的规模。

③竞争企业开展推销活动的规模。

如果其他企业不引入类似新产品,本企业开展推销活动能获得最大利润;如果其他企业也引入类似产品,那么新产品的利润就取决于本企业与竞争企业推销活动的效果。假如双方推销活动都有:大量、正常、辅助三种情况,试进行决策(部分已知条件在决策树上给出)。

解　第 1 步,绘制决策树,如图 8.6 所示。

第 2 步,计算净收益值并剪枝,如图 8.6 所示。

在图 8.6 中,A 为本企业的决策点,本企业是否研制产品有两个待选方案,一个是研制,另一个是不研制。如果不研制,其新产品开发研制利润为 0;若研制就有其他企业是否引入两种状态,估计其他企业引入概率为 0.6,不引入的概率为 0.4。

B,C 为本企业的第二次决策,决定本企业采用大量、正常、辅助三种推销活动。

如果其他企业不引入,则本企业的推销效果不受其他企业影响,此时采用推销活动为大量、正常、辅助,分别获利 20 万元、16 万元和 12 万元。如果其他企业引入新产品,则该企业无论采取什么样的推销活动都会受到其他竞争企业的影响,利润就会减少。

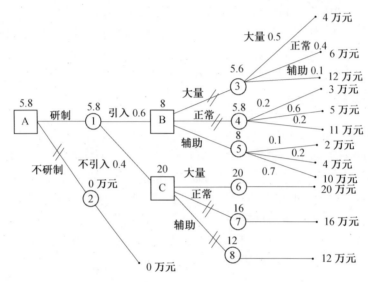

图 8.6 例 8.9 决策树图

结点③的期望值为 4×0.5+0.4×6+0.1×12＝5.6 万元。

结点④的期望值为 0.2×3+0.6×5+0.2×11＝5.8 万元。

结点⑤的期望值为 0.1×2+0.2×4+0.7×10＝8 万元。

B 决策可以剪去大量、正常的销售活动,采用辅助的销售活动。

结点⑥的期望值为 20 万元。

结点⑦的期望值为 16 万元。

结点⑧的期望值为 12 万元。

C 决策可以剪去正常、辅助的销售活动。

结点①的期望值为 0.6×8+20×0.4−7＝5.8 万元。

结点②的期望值为 0 万元。

第 3 步,企业的最终决策为引入新产品若独家经营,采用大量推销方式可获得利润 20−7＝13 万元;若有竞争,采取辅助推销方式,可获得利润 8−7＝1 万元。

第九章 多目标决策方法

第一节 引 言

1. 多目标决策的概念和特点

在处理问题时会遇到需要同时考虑多个目标或准则的情况。例如,企业在制订策略时,可能需要同时最大化盈利、客户满意度和市场份额;在设计产品时,可能需要在性能、成本和可靠性之间寻找最佳平衡;在水资源系统规划和管理中,通常要考察国民经济发展、环境质量和社会福利等目标。更复杂的大系统,如经济和社会系统、能源系统、生态环境系统等,要考察的目标就更多了。在这些相互冲突的目标中,通常既有定量指标,又有定性指标,决策者往往难以判断孰优孰劣。这就引出了我们今天的主题——"多目标决策"。

(1)基本概念

多目标决策(multi-objective decision making, MODM)是决策科学中一个重要的领域,也是运筹学的一个重要分支。我们将具有两个或两个以上目标的决策问题称为多目标决策问题,相应的求解方法称为多目标决策方法。它主要涉及在多目标情境下捕捉、分析、解释和解决决策问题的理论、方法和技术。多目标决策是指在多个目标间相互矛盾、相互竞争的情况下所进行的决策。多目标决策试图找到在满足多个决策标准或目标的同时,达到最优(或可接受)水平的解决方案。在多目标决策中,目标一般是互相冲突的,即提高一个目标的满足度可能会降低另一个目标的满足度。

由于现实生活中的决策问题常常涉及多个目标,因此多目标决策在各个领域都得到了广泛应用,如经济管理、项目优化、供应链管理、环境保护,甚至人生规划等。通过多目标决策,个人和组织能够在多个竞争目标中做出最好的选择。

所以,你可能会问,为什么我们不能简单地将所有目标合并成一个单一目标,然后像处理单一目标决策问题那样来处理它呢? 这是因为在许多情况下,将多个目标简单地聚合成一个目标可能会导致信息的丢失,而且很难在所有目标之间做

到公平公正的考虑。另外,简单地聚合目标通常需要预设目标之间的权重,但这在实际操作中可能会非常困难,因为权重可能是主观的,或者在不确定的条件下难以确定。此外,处于多个目标冲突中的各决策者可能有不同的偏好,他们可能在不同的目标之间有不同的关注点。

在整个多目标决策的研究和应用过程中,你需要明白,其最终并不在于找到一个所谓的"完美"解,或者说万能策略。因为在多目标决策中,几乎不可能找到一个同时满足所有目标的方案,我们关注的是在满足一定条件下,如何找到最佳的,甚至是多个最佳的解决方案。因此,多目标决策的实质不在于找到一个确定的解,而在于找到一种处理复杂问题的思路和方法。

多目标决策不仅是一个重要的研究领域,更是一种对生活和工作的全新看法。希望在本章节的学习中,你能有所启发,不仅能理解和掌握多目标决策的基本理论和方法,更能洞察它背后的思维模式,从而在面对生活和工作中的挑战时,能够做出更加全面和理性的决策。

(2)特点

多目标决策作为一种在实践中广泛应用的决策方法,其特点如下。

①目标多元化。多目标决策需要同时考虑多个目标因素,而这些目标不仅涵盖了经济利益,还包括社会效益、环境保护和可持续性等多个方面。因此,多目标决策需要考虑多个领域的权衡和取舍,因而具有目标多元化的特点。

②信息复杂化。由于需要考虑多个目标因素,多目标决策需要处理大量的信息,并且这些信息往往涵盖了不同的领域和专业知识。这就要求决策者在决策过程中充分了解、收集和分析各种信息,以便做出更加准确和科学的决策。

③可能存在不确定性。在多目标决策中,我们面对的问题和目标往往比较复杂,涉及不同的权益、期望和风险。因此,决策者在做出决策时,会受到不确定性因素的影响,这就要求决策者在面对不确定因素时,能够识别和评估各种可能性,并制订相应的应对策略。

④可能存在冲突。在多目标决策中,不同的目标往往具有一定的矛盾和冲突。例如,提高经济效益往往会对环境造成一定的影响。因此,决策者需要在多个目标之间进行平衡和权衡,以达到多个目标的最优平衡。

⑤可能存在多种解决方案。针对复杂多元的决策问题,可能存在多种解决方案,而这些解决方案往往具备不同的长处和短处。因此,决策者需要对每种解决方案进行综合评估和比较,以便从中选出最优方案。

⑥时间和资源有限。在实际决策过程中,决策者不仅常常受到时间和资源的限制,而且还需要应对问题的紧迫性和重要性。因此,在做多目标决策时,需要在

限时和限资源的条件下,尽可能优化多个目标之间的平衡。

⑦可持续性。多目标决策不仅需要考到当前的利益和需求,还需要考虑未来的可持续性和长期利益。因此,我们所做出的决策方案需要具备可持续性和长期利益,以满足未来的需求和发展。

总的来说,多目标决策具有目标多元化、信息复杂化、存在不确定性、可能存在冲突、可能存在多种解决方案、时间和资源有限以及具备可持续性等特点,这些特点要求决策者在决策过程中具备科学的决策分析能力、综合能力、判断能力和创新能力,以便在复杂的决策环境中做出准确、科学和最优的决策。

2. 多目标决策与单目标决策的区别

多目标决策与单目标决策最显著的区别在于,前者需要考虑多个目标之间的相互影响和矛盾,而后者只需要考虑一个目标,相对于单目标决策问题,多目标决策问题都有两个共同点,即目标间的不可公度性和目标间的矛盾性。所谓目标间的不可公度性是指各个目标没有统一的度量标准,因而难以进行比较,对多目标决策问题中行动方案的评价只能根据多个目标所产生的综合效用来进行。所谓目标间的矛盾性是指如果采用一种方案去改进某一目标的值,则必定会使另一目标的值减少。例如,规模一定的综合利用水库,假设仅有自上游取水的灌溉和发电两项用途,它们各自追求的目标可均用经济效益最大来表示,也可均用物理量(供水和发电量)最大来表示,还可一个用经济值、另一个用物理量来表示。若增加发电效益,则势必要减少灌溉收益,反之亦然,二者的利害冲突是明显可见的。因此,多目标问题总是以牺牲一部分目标的利益来换取另一些目标利益的改善。这是多目标问题的基本性质之一。多目标之间相互依赖、相互矛盾的关系反映了所研究问题的内部联系和本质,也增加了多目标决策问题求解的难度和复杂性。

一般来说,多目标决策问题的解不是唯一的,并且不可能同时获得各个目标的绝对最优解,它是由向量优化问题的"非劣性"所决定的。多目标问题的解:在数学规划中通常称为非劣解或非控解;一些统计学者和经济学家称其为有效解;而福利经济学家称其为 Pareto 最优解。在一定条件下,若取得多目标的"最优"解,则称之为最佳均衡解。粗略地说,就是决策者认为最满意的解。

多目标决策与单目标决策在决策过程中考虑影响最终抉择的因素不同。在多目标决策中,一要考虑各个目标或属性值的大小,二要考虑决策者的偏好要求。任何合乎理性的决策都将选择一个最佳均衡解(或方案),但不同的决策者对于同一问题却可能选择不同的最佳均衡解。对于单目标决策问题,决策者只需考虑目标值的大小,由此总能选出一个最优的方案。任何决策者,在同一准则下,都将做出同样的最优抉择，这是因为决策者的偏好和目标值的极大或极小是完全一致的。一般来说，任何决策的最终目的都是使决策者达到最大限度的满足，或者说，使决策者的效用达到最大。

正如"每一枚硬币都有两面"，多目标决策同样带来了其复杂性。多目标决策通常涉及在多个互相冲突的目标之间做出权衡，这需要决策者具备深入的分析和理解能力。同时，多目标决策的解可能是多个，而不仅仅是一个最优解，这给决策者带来了选择的困难。此外，多目标决策可能需要考虑决策的长期影响，因为某些决策可能在短期内看似良好，但在长期内可能不是最优的。最后，由于多目标决策的复杂性，所需要的信息处理和计算量可能非常庞大，尤其是随着决策问题维度的增加，这将成为一个关键性问题。

尽管存在这些挑战，但我们对多目标决策的研究和实践仍在不断地向前发展。决策科学家们已经开发出了一系列的理论和方法来应对这些挑战，如加权总和法、多目标线性规划、多目标遗传算法以及帕累托优化等。

多目标决策和单目标决策都是实际问题中常见的问题类型。随着社会的不断发展，我们越来越需要考虑多个目标之间的平衡关系。在实际应用中，多目标决策的应用场景越来越广泛，无论是市场投资决策、产品设计决策，还是政府政策决策，都需要考虑多个目标之间的相互影响，进行权衡和平衡。因此，多目标决策的理论和方法的研究将在未来持续不断地为实际决策提供更加有效的参考和支持。

3. 多目标决策的原则

多目标决策旨在实践中应对复杂决策问题，通常涉及多个目标和约束条件，因此，在进行多目标决策的过程中，需要遵循一定的决策原则，以确定最优决策方案。在此基础上，决策者可以更好地理解每个目标的重要性、评估风险、制订策略、选择方案，并通过综合权衡和取舍，赋予各个目标合适的权重，最终达成全面、公正、合理、满足可持续性的决策结果。多目标决策的主要原则如下。

（1）优先级原则

优先级原则指的是在多目标决策过程中要明确各个目标之间的优先级关系。无论是在哪个阶段，决策者都应该针对每个目标制订相应的量化标准，并评估其在整个决策过程中的优先级。当出现目标冲突或无法同时满足多个目标时，就需要根据优先级关系做出取舍，并按照优先级安排各种决策方案。这个原则不仅有助于提高决策效率，还能确保决策结果达到最大的整体效益。

（2）平衡原则

在多目标决策的过程中，决策者往往面临多个矛盾和冲突，因此需要在各个目标之间进行平衡和协调。平衡原则强调决策者应该对各个目标之间的权衡和取舍进行综合考虑,尽可能降低各个目标之间的矛盾和冲突。为了达到平衡,决策者可以采用多种方法,例如折中方案、权重方案等。

（3）重要度原则

重要度原则指的是在多目标决策中,决策者应该根据各个目标的重要性来赋予其不同的权重。这个原则能够帮助决策者更好地理解每个目标的重要性和优先级,进而更好地取舍和权衡。一般来说,制订权重需要按照一个固定的标准来进行,或者召集专家进行会商,并最终确定各个目标的权重。

（4）最大化原则

最大化原则是多目标决策方法中最常用的原则。它强调的是在复杂的决策环境中,通过最大化目标函数,确定最优的解决方案。最大化原则可以帮助决策者在多个决策方案中快速找到最优的方案,从而达到最大的效益。

（5）协调一致原则

在多方或多层次的决策中,需要协调和协作,以达到各方的一致性和和谐。协调一致原则要求决策者在决策过程中要全面考虑各方的利益诉求和关切,避免某些方面对其他方面造成不利影响。为了达到协调一致原则,决策者需要进行有效的沟通和协商,并寻求各方面的支持和认可。

（6）可持续性原则

可持续性原则要求决策者从长远考虑,不仅要满足当前的需求和利益,还要保持可持续性的发展。该原则通常强调环境、经济和社会三方面的平衡发展,并鼓励决策者在做出决策时考虑长远的可持续性问题,以保证未来的可持续发展。

（7）显著性原则

决策者应该根据目标受到的影响程度来进行判断和选择,重点关注对结果影响最大的目标。该原则要求决策者对不同目标的影响程度进行判断,然后做出相应的决策。在实践中,显著性原则经常用于排除对解决方案影响较小的目标,以减少不必要的烦琐计算和决策成本。

多目标决策过程中的不同原则之间相互配合和协作,有利于决策者更好地理解问题、评估风险、制订策略、选择方案,以达成全面、公正、合理、满足可持续性的最优解决方案。

4. 多目标决策的理论框架

（1）多目标决策模型构建步骤

多目标决策模型的构建通常包括多个步骤,基本构成步骤如下。

①问题定义。在多目标模型中,要先明确问题的定义,明确需要解决的问题及其目标。需要明确的问题包括:所有可选方案、方案的优缺点、方案对各个目标的影响等。明确问题的定义是确定多目标决策的初始步骤,是整个模型解决过程的核心。

②目标与约束条件的制订。根据问题的定义,制订多个待评价目标,并列出各种条件、限制和指标等,为后面的建模过程提供原始数据。

③指标定量分析。在进行指标定量分析时,需要将不同目标和条件转化为具体的数值量化数据,从而使不同目标之间能进行比较和衡量。此外,还需要通过相关工具和方法,统计和分析数据,以帮助决策者更好地理解数据的规律和特点。

④建立多目标模型。采用适当的模型,对数据进行拟合和求解,以帮助决策者得出可以依赖的数值化决策结果,通常建立模型的方法包括加权线性规划、层次分析法和模糊决策等。在构建模型的过程中,应该重点关注不同目标之间的权衡和关系,以便得到最优解。

⑤进行求解和模型评估。利用建立好的多目标模型,对所有方案进行评价和比较,并从中选出最优的决策方案,同时对方案进行评估和验证,确保它的科学合理性和可行性。

⑥实施和监控决策方案。确定决策方案后,需要对该方案进行有效的实施和监控。在这个过程中,应该对方案进行评估和修正,以满足不同条件和目标的需求。此外,还需要尽可能地跟踪方案的实施效果和结果,以便及时发现问题并采取必要的调整措施。

以上步骤通常需要经过反复迭代和调整,以不断完善多目标决策模型。在实际应用过程中,需要根据问题的复杂程度和决策者的需求,选择适当的解决方法和模型,并不断更新和完善决策模型,最终实现合理和科学化的决策结果。

(2)常见的多目标决策模型

多目标决策模型是指基于数学、统计学或其他方法建立的用于处理多目标决策问题的求解模型,能够对各种不同的决策选项进行比较和优化,从而帮助决策者做出最优决策。以下是多目标决策中常见的三种模型。

①加权线性规划模型。加权线性规划模型是多目标决策中最常用的模型之一。它的基本思想是,将每个目标的重要性用权重表示出来,通过线性规划的方法求得多个目标的最优权衡点。在此模型中,决策者需要确定权重,再将目标转化为线性规划的形式,从而求解出最终的最优权衡结果。

②层次分析法。层次分析法是另一种常用的多目标决策模型,其基本思想是,将多个目标分层处理,通过对每个层次的目标进行重要性排序,得出各个目标之间

的权重。接着对几个目标进行判断矩阵的构建,从而求解出最优解。层次分析法的优势在于它可以通过分层的方式有效地对多个目标进行处理,为决策者提供科学的判断模型。

③模糊决策模型。模糊决策模型是另外一种多目标决策模型,其主要特点是,考虑到决策中的不确定性因素,可以处理信息模糊或不确定的情况。在模糊决策模型中,不同目标和条件被转化为隶属度和置信度等模糊概念,然后运用模糊决策理论,对不同的方案进行评价和比较。模糊决策模型可以帮助决策者应对不确定性和模糊性问题,从而提高决策的科学性和准确性。

以上三种模型是多目标决策中常用的模型,每种模型有其独特的优劣和应用范围,决策者在应用时需结合实际情况选择合适的模型。在实际决策中,可以通过建立模型求解方案,帮助决策者全面了解问题,并基于不同决策成本、风险和效益等因素,进行多个方案的比较和评估,以选出最优决策方案。

此外,近年来,基于深度学习和神经网络的算法也开始应用于多目标决策中,因为它们能够更好地处理非线性关系、非常大的数据集以及高度不确定的问题。

第二节　层次分析法

1. 基本概念和特点

(1)基本概念

层次分析法(analytic hierarchy process,简称 AHP)是美国学者萨蒂(T. L. Saaty)于20世纪70年代提出的多目标决策方法。该方法主要适用于无法直接量化的问题,是一种定性分析和定量分析相结合的简单、实用的决策方法。层次分析法主要将复杂的问题抽象化为各个元素之间的相对大小关系,然后通过对这些相对大小关系的一致性检验,反映出各个元素本质的相对重要性。

随着技术的进步,层次分析法在不同领域中的应用逐渐加强,出现了更多新的场景。在企业战略规划中,层次分析法可以帮助企业制订最佳的发展战略,考虑包括市场需求、资金状况、未来的远景等因素。在人员招聘中,层次分析法可以协助招聘部门确定合适的候选人,权衡多项因素如经验、教育背景等,可以提高雇员的工作质量和效率。层次分析法还可以在新产品开发场景中应用,企业可评估新产品中多项因素的优劣,包括技术难度、市场状况等。此外,层次分析法也可应用于城市规划场景中,政府部门可以根据不同因素如交通状况、环保状况等考虑并规划出最优的城市方案。在资源的配置中,层次分析法是一种很好的辅助工具。在选择供应商时,多种因素如价格、供货时间等影响选定供应商的决策,层次分析法可对这些因素进行排列、评估和权重分配。此外,层次分析法还可用于购物决策,帮助客户更好地权衡性价比、售后服务等因素,做出最优购物决策。世界各地的医院和卫生机构也开始使用层次分析法进行医疗决策。例如,在医院资源配置上,所涉及的多项因素,如患者安全、医疗质量等都需要考虑。层次分析法可以系统化地考虑这些因素的重要性,并推导出最优的医院分配资源的方案。作为新兴的决策分析方法,层次分析法在各领域得到了广泛应用,帮助人们做出更明智和更可靠的决策。

总之,层次分析法可应用于多个领域和场景。引入层次分析法来协助决策,有助于节省广泛和多样的资源,并在实践中帮助人们理清思路,制订更优的决策方案。因此,层次分析法是一种非常灵活、流行,并且有用的决策分析方法。

(2)主要特点

①分析思路清楚,可将系统分析人员的思维过程系统化、数学化和模型化。

②分析时所需定量数据不多,但要求问题所包含的因素及其相关关系具体而明确。

③适用于多准则、多目标的复杂问题的评价,如地区经济发展方案比较、科学技术成果评比等。

2. 基本步骤

在了解了层次分析法的基本概念和主要特点后,我们应用层次分析法的步骤如下。

(1)确定层次结构模型

对于任意复杂的问题,应该将其分解为一系列更简单、更易于处理的部分。如何分解取决于问题的自然和结构,以及决策者的判断和目标。在层次分析法中,我们通常将这个分解的过程分为三个层次,它们分别是:目标层、准则层和方案层。

目标层:这是最高层次,代表着我们要实现的目标。

准则层:这是介于最高层和最低层之间的层次,包括影响最终目标实现的所有因素或标准。

方案层:这是最低的层次,代表着可以选择的所有行动或方案。

层次结构往往用结构图形式表示,图上标明上一层次和下一层次元素之间的联系。如果上一层的每一要素与下一层的所有要素均有联系,则称为完全相关结构(图9.1)。如果上一层的每一要素都有各自独立的、完全不相同的下层要素,则称为完全独立性结构。当然,也有由上述两种结构相结合的混合结构。

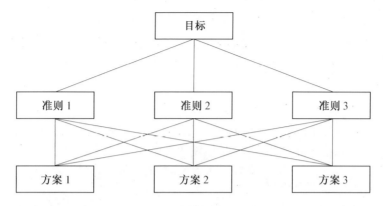

图9.1　具有完全相关结构的层次结构模型

（2）构造判断矩阵

在层次结构模型中,我们需要根据各层元素之间的关系建立一系列的判断矩阵。将每一层次的各要素相对于其上一层次的某要素进行两两比较判断,得到相对重要程度的比较标度,建立判断矩阵。例如,在准则层中,根据每个准则对目标的影响大小设定每一对准则的重要性相比值;在方案层中,根据每个方案适应每一准则的程度设定每一对方案的适应程度的相比值。

①建立判断矩阵。假设对于准则层 H,其下一层有 n 个要素 $A_1, A_2, \cdots, A_n$,以上一层的要素 H 作为判断准则,对下一层的 n 个要素进行两两比较来确定矩阵的元素值,其形式如表9.1所示。

表9.1　矩阵的元素值

H	A_1	A_2	$\cdots$	A_j	$\cdots$	A_n
A_1	a_{11}	a_{12}	$\cdots$	a_{1j}	$\cdots$	a_{1n}
A_2	a_{21}	a_{22}	$\cdots$	a_{2j}	$\cdots$	a_{2n}
$\vdots$	$\vdots$	$\vdots$		$\vdots$		$\vdots$
A_i	a_{i1}	a_{i2}	$\cdots$	a_{ij}	$\cdots$	a_{in}
$\vdots$	$\vdots$	$\vdots$		$\vdots$		$\vdots$
A_n	a_{n1}	a_{n2}	$\cdots$	a_{nj}	$\cdots$	a_{nn}

a_{ij} 表示以判断准则 H 的角度考虑要素 A_i 对 A_j 的相对重要程度。假设在准则 H 下要素 $A_1, A_2, \cdots, A_n$ 的权重分别为 $w_1, w_2, \cdots, w_n$,即 $\boldsymbol{W} = (w_1, w_2, \cdots, w_n)^{\mathrm{T}}$,则 $a_{ij} = w_i / w_j$,且矩阵为

$$A = \begin{pmatrix} a_{11} & a_{12} & \cdots & a_{1n} \\ a_{21} & a_{22} & \cdots & a_{2n} \\ \vdots & \vdots & & \vdots \\ a_{n1} & a_{n2} & \cdots & a_{nn} \end{pmatrix} \qquad (9.1)$$

公式(9.1)称为判断矩阵。

②判断尺度。判断矩阵中的元素 a_{ij} 是表示两个要素相对重要性的数量尺度，称作判断尺度，层次分析法采用 $1 \sim 9$ 标度的判断尺度，其取值如表9.2所示。

表9.2　判断尺度的取值

判断尺度	定义
1	两个要素相比，具有同样重要性
3	两个要素相比，前者比后者稍微重要
5	两个要素相比，前者比后者明显重要
7	两个要素相比，前者比后者强烈重要
9	两个要素相比，前者比后者极端重要
2,4,6,8	上述相邻判断的中间值
倒数	因素 i 与 j 比较的判断值为 a_{ij}，则因素 j 与 i 比较的判断值为 $a_{ji}=1/a_{ij}$

③计算相对重要程度及判断矩阵的最大特征值 $\lambda_{\max}$。在应用层次分析法进行系统评价和决策时，需要知道 A_i 关于 H 的相对重要程度，也就是 A_i 关于 H 的权重。问题归纳为：

已知

$$A = (a_{ij})_{n \times n} = \left(\frac{w_i}{w_j} \right)_{n \times n} = \begin{pmatrix} \dfrac{w_1}{w_1} & \dfrac{w_1}{w_2} & \cdots & \dfrac{w_1}{w_n} \\ \dfrac{w_2}{w_1} & \dfrac{w_2}{w_2} & \cdots & \dfrac{w_2}{w_n} \\ \vdots & \vdots & & \vdots \\ \dfrac{w_n}{w_1} & \dfrac{w_n}{w_2} & \cdots & \dfrac{w_n}{w_n} \end{pmatrix}$$

求 $W = (w_1, w_2, \cdots, w_n)^{\mathrm{T}}$。

由

$$\begin{pmatrix} \dfrac{w_1}{w_1} & \dfrac{w_1}{w_2} & \cdots & \dfrac{w_1}{w_n} \\[2ex] \dfrac{w_2}{w_1} & \dfrac{w_2}{w_2} & \cdots & \dfrac{w_2}{w_n} \\[1ex] \vdots & \vdots & & \vdots \\[1ex] \dfrac{w_n}{w_1} & \dfrac{w_n}{w_2} & \cdots & \dfrac{w_n}{w_n} \end{pmatrix} \begin{pmatrix} w_1 \\ w_2 \\ \vdots \\ w_n \end{pmatrix} = n \begin{pmatrix} w_1 \\ w_2 \\ \vdots \\ w_n \end{pmatrix}.$$

知 $\boldsymbol{W}$ 是矩阵 $\boldsymbol{A}$ 特征值为 n 的特征向量。

当矩阵 $\boldsymbol{A}$ 的元素 a_{ij} 满足

$$a_{ii} = 1, a_{ij} = \frac{1}{a_{ji}}, a_{ij} = \frac{a_{ik}}{a_{jk}} \tag{9.2}$$

时, $\boldsymbol{A}$ 具有唯一的非零最大特征值 $\lambda_{\max}$, 且 $\lambda_{\max} = n (\sum\limits_{i=1}^{n} \lambda_i = \sum\limits_{i=1}^{n} a_{ii} = n)$。

由于判断矩阵 $\boldsymbol{A}$ 的最大特征值所对应的特征向量即为 $\boldsymbol{W}$, 为此, 可以先求出判断矩阵的最大特征值所对应的特征向量, 再经过归一化处理, 即可求出 A_i 关于 H 的相对重要度。

求法:

a. 用计算方法中的乘幂法等方法求。

b. 用方根法求。利用公式

$$w_i = \Big(\prod_{j=1}^{n} a_{ij} \Big)^{\frac{1}{n}} \quad (i = 1, 2, \cdots, n)$$

然后对 $\boldsymbol{W} = (w_1, w_2, \cdots, w_n)^{\mathrm{T}}$ 进行归一化处理, 即

$$w_i^{(0)} = \frac{w_i}{\sum\limits_{j=1}^{n} w_j}$$

其结果就是 A_i 关于 H 的相对重要度。最大特征值 $\lambda_{\max}$ 为

$$\lambda_{\max} = \sum_{i=1}^{n} \frac{(\boldsymbol{AW})_i}{nw_i}$$

其中, $(\boldsymbol{AW})_i$ 为向量 $\boldsymbol{AW}$ 的第 i 个元素。

c. 利用和积法求。将判断矩阵每一列归一化。列归一化后的判断矩阵按行相加, 得

$$\overline{\boldsymbol{W}} = (\overline{w_1}, \overline{w_2}, \cdots, \overline{w_n})^{\mathrm{T}}$$

之后, 再对其正规化处理即可。$\lambda_{\max}$ 的求法同方根法。

④进行一致性检验。由于判断矩阵的三个性质中的前两个容易被满足,第三个"一致性"不易被保证。如果所建立的判断矩阵有偏差,则被称为不相容判断矩阵,这时就有

$$\boldsymbol{A}^{\mathrm{T}}\boldsymbol{W}^{\mathrm{T}} = \lambda_{\max}\boldsymbol{W}^{\mathrm{T}}$$

若矩阵 $\boldsymbol{A}$ 完全相容,则有 $\lambda_{\max} = n$,否则 $\lambda_{\max} \neq n$。这就提示我们可以用 $\lambda_{\max} - n$ 的大小来度量相容程度。

度量相容性的指标为一致性指标 C. I. (consistence index)

$$\mathrm{C.\,I.} = \frac{\lambda_{\max} - n}{n - 1} \tag{9.3}$$

一般来说,如果 C. I. $\leqslant 0.10$,就可以认为判断矩阵 $\boldsymbol{A}^{\mathrm{T}}$ 有相容性,据此计算的 $\boldsymbol{W}^{\mathrm{T}}$ 是可以接受的,否则将重新进行两两比较判断。

判断矩阵的维数 n 越大,判断的一致性将越差,故应放宽对高维判断矩阵一致性的要求,于是引入修正值 R. I. ,如表9.3所示,并取更为合理的 C. R. 作为衡量判断矩阵一致性的指标。公式为

$$\mathrm{C.\,R.} = \frac{\mathrm{C.\,I.}}{\mathrm{R.\,I.}} \tag{9.4}$$

表9.3　相容性指标修正值

维数	1	2	3	4	5	6	7	8	9
R. I.	0.00	0.00	0.58	0.90	1.12	1.24	1.32	1.41	1.45

⑤综合重要度的计算。在计算了各层次要素对其上一级要素的相对重要度以后,即可自上而下地求出各层要素关于系统总体的综合重要程度(也叫系统总体权重)。其计算过程如下:

设有目标层 A、准则层 C、方案层 P 构成的层次模型(对于层次更多的模型,其计算方法相同),准则层 C 对目标层 A 的相对权重为

$$\overline{\boldsymbol{w}}^{(1)} = (w_1^{(1)}, w_2^{(1)}, \cdots, w_k^{(1)})^{\mathrm{T}} \tag{9.5}$$

方案层 n 个方案对准则层的各准则的相对权重为

$$\overline{\boldsymbol{w}}_l^2 = (\overline{w}_{l1}^{(2)}, \overline{w}_{l2}^{(2)}, \cdots, \overline{w}_{lk}^{(2)})^{\mathrm{T}} \quad (l = 1, 2, \cdots, n) \tag{9.6}$$

这 n 个方案对目标而言,其相对权重是通过权重 $\overline{w}^{(1)}$ 与 $\overline{w}_l^2$ 组合而得到的,其计算可按照表格9.4进行。

这时得到 $\boldsymbol{V}^{(2)} = (V_1^{(2)}, V_2^{(2)}, \cdots, V_n^{(2)})^{\mathrm{T}}$ 为 P 层各方案的相对权重。若最低层是方案层,则可根据 v_i 选择满意方案;若最低层是因素层,则根据 v_i 确定人力、物力、

财力等资源的分配。

表9.4　综合重要度计算

P 层	因素及权重 $C_1 C_2 \cdots C_k$ $w_1^{(1)} w_2^{(1)} \cdots w_k^{(1)}$			组合权重 ($V^{(2)}$)
P_1	$w_1^{(1)} w_2^{(1)} \cdots w_k^{(1)}$			$v_1^{(2)} = \sum\limits_{j=1}^{k} w_j^{(1)} w_{1j}^{(2)}$
P_2	$w_1^{(1)} w_2^{(1)} \cdots w_k^{(1)}$			$v_2^{(2)} = \sum\limits_{j=1}^{k} w_j^{(1)} w_{2j}^{(2)}$
$\vdots$	$\vdots$			$\vdots$
P_n	$w_1^{(1)} w_2^{(1)} \cdots w_k^{(1)}$			$v_n^{(2)} = \sum\limits_{j=1}^{k} w_j^{(1)} w_{nj}^{(2)}$

3. 算例

例9.1　假设一家农业公司需要购买一种新的农业机器人,以提高生产效率和保证产品质量。农业机器人可以用于收割、播种和除草等任务,一些更高级的农业机器人甚至可以识别病害、检测灾害和观察气候,从而推动现代农业的发展。经过公司内部研究,制订了五个选购准则:稳定性和可靠性、自动化程度、生产效率、适用性和价格。同时,经过市场调研和内部核定,最终列出了三个符合基本要求的购买方案。方案 P_1:使用品牌 A 的机器人,此机器人的稳定性和可靠性较高,适用性和生产效率也较高。但是价格也偏高,不适合小农厂。方案 P_2:使用品牌 B 的机器人,此机器人生产效率较高,但在自动化程度、稳定性和可靠性上略有不足。方案 P_3:使用品牌 C 的机器人,此机器人价格实惠,自动化程度较高,适用于各种农业环境。但稳定性和可靠性及生产效率均较低,适用性也不高。

现应用层次分析法对问题进行分析评价。整个层次结构分为三层,最高层即问题分析的总目标,提高生产效率和保证产品质量;第二层是准则层,包括稳定性和可靠性、自动化程度、生产效率、适用性和价格五个指标;第三层是方案层,包括方案 P_1、方案 P_2、方案 P_3 三个方案。各个方案在五个指标上表现不同,依此建立层次结构后,问题分析归结于各个方案相对于总目标的优先次序。

第 1 步,确定层次结构模型,如图 9.2 所示。

第 2 步,就层次结构中的各种因素两两进行判断比较,建立判断矩阵。

①判断矩阵 A/C(相对于总目标各指标间的重要性比较),如表 9.5 所示。

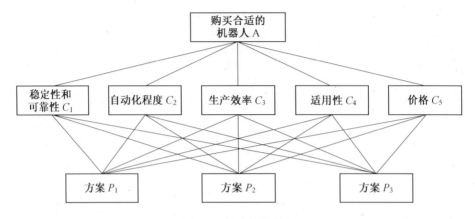

图 9.2　层次结构模型

表 9.5　判断矩阵 A/C

A	C_1	C_2	C_3	C_4	C_5
C_1	1	1/2	4	3	3
C_2	2	1	7	5	5
C_3	1/4	1/7	1	1/2	1/3
C_4	1/3	1/5	2	1	1
C_5	1/3	1/5	3	1	1

②判断矩阵 C_1/P（各方案的稳定性和可靠性比较），如表 9.6 所示。

表 9.6　判断矩阵 C_1/P

C_1	P_1	P_2	P_3
P_1	1	2	5
P_2	1/2	1	2
P_3	1/5	1/2	1

③判断矩阵 C_2/P（各方案的自动化程度比较），如表 9.7 所示。

表 9.7　判断矩阵 C_2/P

C_2	P_1	P_2	P_3
P_1	1	1/3	1/8
P_2	3	1	1/3
P_3	8	3	1

④判断矩阵 C_3/P(各方案的生产效率比较),如表9.8所示。

表9.8 判断矩阵 C_3/P

C_3	P_1	P_2	P_3
P_1	1	1	3
P_2	1	1	3
P_3	1/3	1/3	1

⑤判断矩阵 C_4/P(各方案的适用性比较),如表9.9所示。

表9.9 判断矩阵 C_4/P

C_4	P_1	P_2	P_3
P_1	1	3	4
P_2	1/3	1	1
P_3	1/4	1	1

⑥判断矩阵 C_5/P(各方案的价格比较),如表9.10所示。

表9.10 判断矩阵 C_5/P

C_5	P_1	P_2	P_3
P_1	1	1	1/4
P_2	1	1	1/4
P_3	4	4	1

第3步,相对重要度及判断矩阵的最大特征值的计算。

①$A-C$(各指标相对于总目标的相对权重)

$$\omega = \begin{pmatrix} 0.263 \\ 0.475 \\ 0.055 \\ 0.090 \\ 0.110 \end{pmatrix}, \lambda_{max} = 5.703$$

②C_1-P(各方案相对于稳定性和可靠性的相对权重)

$$\omega = \begin{pmatrix} 0.595 \\ 0.277 \\ 0.129 \end{pmatrix}, \lambda_{max} = 3.005$$

③C_2-P（各方案相对于自动化程度的相对权重）

$$\boldsymbol{\omega}=\begin{pmatrix}0.082\\0.236\\0.682\end{pmatrix},\lambda_{\max}=3.002$$

④C_3-P（各方案相对于生产效率的相对权重）

$$\boldsymbol{\omega}=\begin{pmatrix}0.429\\0.429\\0.142\end{pmatrix},\lambda_{\max}=3$$

⑤C_4-P（各方案相对于适用性的相对权重）

$$\boldsymbol{\omega}=\begin{pmatrix}0.634\\0.192\\0.174\end{pmatrix},\lambda_{\max}=3.009$$

⑥C_5-P（各方案相对于价格的相对权重）

$$\boldsymbol{\omega}=\begin{pmatrix}0.167\\0.167\\0.667\end{pmatrix},\lambda_{\max}=3$$

第4步，一致性检验。

①$A-C$：$C.I.=0.018,R.I.=1.12,C.R.=0.0161$。

②C_1-P：$C.I.=0.0025,R.I.=0.58,C.R.=0.0043$。

③C_2-P：$C.I.=0.001,R.I.=0.58,C.R.=0.0017$。

④C_3-P：$C.I.=0,R.I.=0.58,C.R.=0$。

⑤C_4-P：$C.I.=0.0045,R.I.=0.58,C.R.=0.0078$。

⑥C_5-P：$C.I.=0,R.I.=0.58,C.R.=0$。

第5步，综合重要度计算，如表9.11所示。

表9.11　算例中综合重要度的计算

P	C					层次P总排序V
	C_1	C_2	C_3	C_4	C_5	
	0.263	0.475	0.055	0.090	0.110	
P_1	0.595	0.082	0.429	0.634	0.167	0.294
P_2	0.277	0.236	0.429	0.192	0.167	0.244
P_3	0.129	0.682	0.142	0.174	0.667	0.455

层次总排序一致性检验

$$C.I. = \sum_{i=1}^{5} C_i(C.I.)$$

$$C.I. = 0.263 \times 0.0025 + 0.475 \times 0.001 + 0.055 \times 0 +$$
$$0.090 \times 0.0045 + 0.110 \times 0 = 0.0015$$

$$R.I. = \sum_{i=1}^{5} C_i(R.I.)$$

$$R.I. = 0.263 \times 0.58 + 0.475 \times 0.58 + 0.055 \times 0.58 +$$
$$0.090 \times 0.58 + 0.110 \times 0.58 = 0.58$$

$$C.R. = \frac{C.I.}{R.I.} = \frac{0.0015}{0.58} = 0.0026$$

通过上述 5 步的分析和计算,可以得出每一个方案的优劣程度,最终是方案 P_3 的得分最高,然后依次是 P_1,P_2。

4. 算例的软件实现

层次分析法不仅可以按步骤进行手动计算,也可以利用软件进行计算,减少人工计算的难度。还以例 9.1 为例,利用 Yaahp 软件来进行计算,计算的步骤及结果如下。

第 1 步,构建层次结构模型,如图 9.3 所示,并检查模型是否正确。

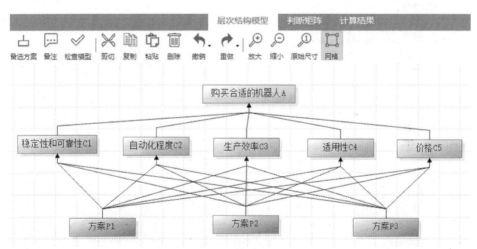

图 9.3 层次结构模型图

第2步,将建立好的判断矩阵输入到软件中,如图9.4～图9.9所示。

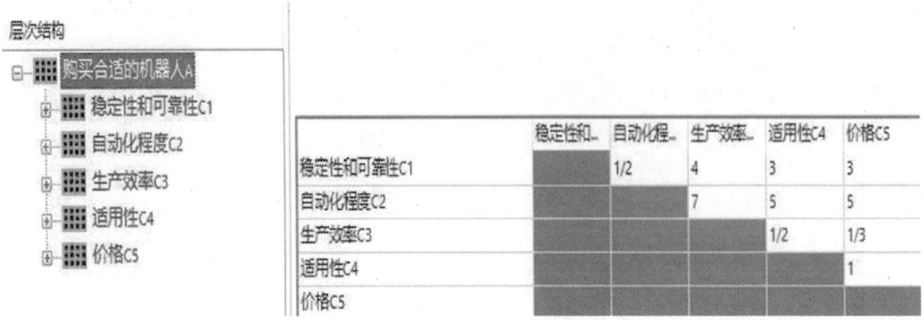

层次结构

□─▦ 购买合适的机器人A
   ⊞─▦ 稳定性和可靠性C1
   ⊞─▦ 自动化程度C2
   ⊞─▦ 生产效率C3
   ⊞─▦ 适用性C4
   ⊞─▦ 价格C5

	稳定性和..	自动化程..	生产效率..	适用性C4	价格C5
稳定性和可靠性C1		1/2	4	3	3
自动化程度C2			7	5	5
生产效率C3				1/2	1/3
适用性C4					1
价格C5					

图 9.4　判断矩阵 A/C

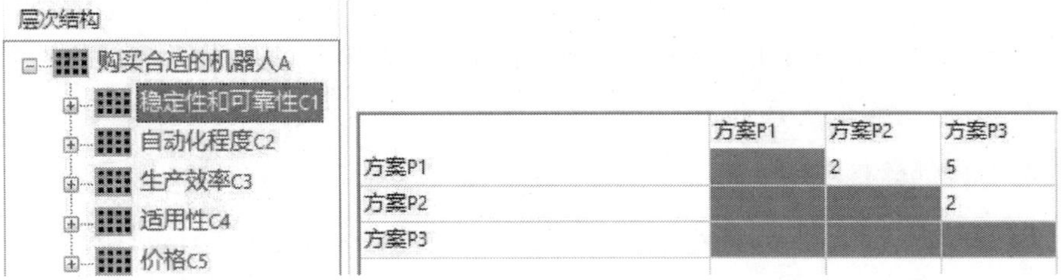

层次结构

□─▦ 购买合适的机器人A
   ⊞─▦ 稳定性和可靠性C1
   ⊞─▦ 自动化程度C2
   ⊞─▦ 生产效率C3
   ⊞─▦ 适用性C4
   ⊞─▦ 价格C5

	方案P1	方案P2	方案P3
方案P1		2	5
方案P2			2
方案P3			

图 9.5　判断矩阵 C_1/P

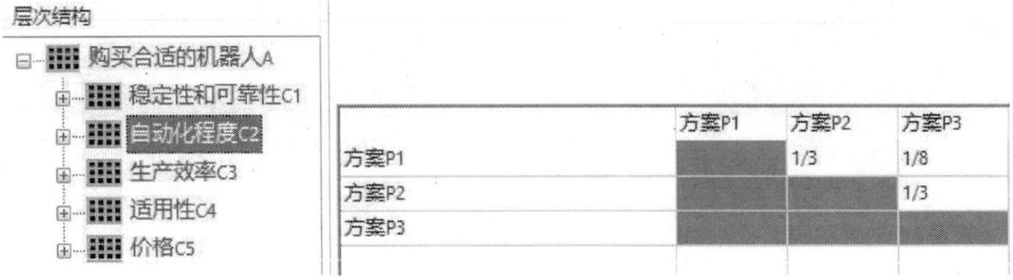

层次结构

□─▦ 购买合适的机器人A
   ⊞─▦ 稳定性和可靠性C1
   ⊞─▦ 自动化程度C2
   ⊞─▦ 生产效率C3
   ⊞─▦ 适用性C4
   ⊞─▦ 价格C5

	方案P1	方案P2	方案P3
方案P1		1/3	1/8
方案P2			1/3
方案P3			

图 9.6　判断矩阵 C_2/P

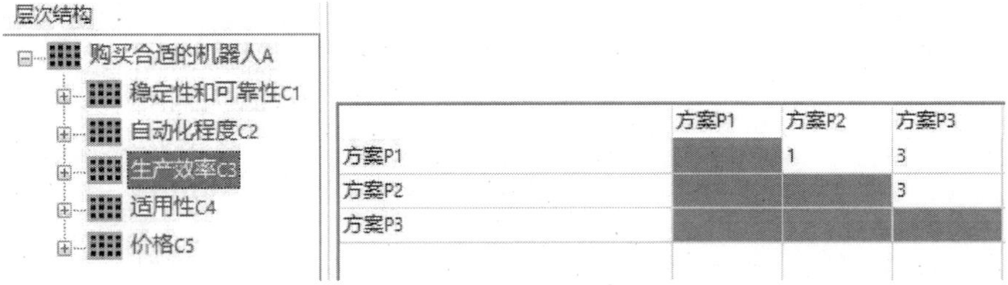

层次结构

□─▦ 购买合适的机器人A
   ⊞─▦ 稳定性和可靠性C1
   ⊞─▦ 自动化程度C2
   ⊞─▦ 生产效率C3
   ⊞─▦ 适用性C4
   ⊞─▦ 价格C5

	方案P1	方案P2	方案P3
方案P1		1	3
方案P2			3
方案P3			

图 9.7　判断矩阵 C_3/P

图 9.8 判断矩阵 C_4/P

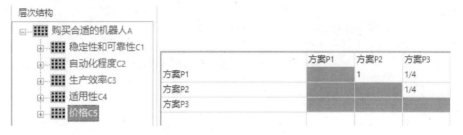

图 9.9 判断矩阵 C_5/P

第 3 步,计算相对重要度及判断矩阵的最大特征值,并进行一致性检验,如图 9.10 所示。

权重分布 判断矩阵单独显示 所有数据列表显示

购买合适的机器人A						

购买合适的机器人A (一致性比例: 0.0163; 对"购买合适的机

判断矩阵

购买合适的机...	稳定性和可...	自动化程度...	生产效率C3	适用性C4	价格C5	Wi
稳定性和可靠...	1.0000	0.5000	4.0000	3.0000	3.0000	0.2623
自动化程度C2	2.0000	1.0000	7.0000	5.0000	5.0000	0.4744
生产效率C3	0.2500	0.1429	1.0000	0.5000	0.3333	0.0545
适用性C4	0.3333	0.2000	2.0000	1.0000	1.0000	0.0985
价格C5	0.3333	0.2000	3.0000	1.0000	1.0000	0.1103

图 9.10 一致性检验图

第 4 步,计算综合重要度,得出最终结果,即每个方案的得分,如图 9.11 和图 9.12 所示。

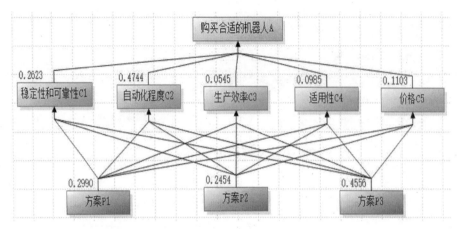

图 9.11　准则及方案层的权重值

目标：　购买合适的机器人A

方案P1	0.2990	
方案P2	0.2454	
方案P3	0.4556	

图 9.12　各方案的综合重要度

第三节　优劣系数法

1. 基本概念与特点

（1）基本概念

优劣系数法（electre）是由贝纳力（Benayoun）等人提出的，是一种将方案逐步淘汰的方法，去掉所有劣方案后，再规定一个淘汰准则，按这一准则逐步淘汰一部分方案，最后确定相对满意的有效方案。优劣系数法的基本思想是，将不同方案或决策的优劣程度转换为数值，计算各个方案或决策的优劣系数，从而确定各个方案或决策的相对权重，以便做出最终决策。

（2）特点

优劣系数法是一种常用的多目标决策分析法，其优点和缺点分别如下。

主要优点有：

①简单易懂。优劣系数法操作简单、易于理解,无须复杂的专业知识和技能。

②直观易用。通过将多个方案或决策的指标进行定量化转换,直观体现方案或决策之间的差异和优劣之势。

③可操作性强。对于多个方案或决策之间的比较,可以将不同指标都定量化,以降低人为主观因素的影响,使其更容易操作和计算。

④具有灵活性。能够根据实际情况和需要进行修改、调整和改进,以满足各种特定的决策需求。

⑤适用性广。优劣系数法适用于各种多目标决策问题,包括商业、工程、自然资源管理、环境保护等各个领域。

主要缺点有:

①依赖指标选择。优劣系数法的计算结果受到所选指标数量和选择的指标是否代表全局的影响。指标选择不合理可能会影响决策的准确性。

②主观因素影响。优劣系数法大多需要人工评估,因此受到评价者主观因素的影响。评价者的知识背景、经验等因素,都可能会对评价结果产生不同影响。

③忽略定性因素。优劣系数法偏重于对数量化数据的分析,对一些定性因素的影响可能会忽视,因此不能反映出决策的全面性和复杂性。

④无法处理复杂问题。当多个决策指标之间存在非线性关系或者多种决策因素相互作用时,优劣系数法不能完整地反映这种复杂情况。

⑤在某些情况下,最优解不够准确。当多个方案或决策的指标相似程度较高时,优劣系数法不能准确反映各个方案之间的差异,最优解的确定可能存在误差。

因此,在使用优劣系数法时需要注意它的局限性和缺点,结合具体情况和需求,进行适当的调整和修正。

2. 优劣系数法的主要内容

优劣系数法的主要内容包括以下几个方面。

(1)确定目标权数

通过对评价指标的量化值进行分析和对比,可以计算出各个方案或决策的优劣程度。在计算优劣程度时,可以采用简单编码法、环比法、优序图等多种方法,根据实际情况选取最合适的方法进行计算。

(2)计算优劣系数

计算各个方案或决策的优劣系数是优劣系数法的核心内容。优劣系数是一种反映方案或决策优劣程度的数值,它等于该方案或决策的优劣程度与最优方案或决策的优劣程度之比。计算优劣系数的目的是为了确定各个方案或决策的相对权

重,以便做出最终决策。

（3）确定最优方案或决策

通过计算各个方案或决策的优劣系数,可以确定各个方案或决策的相对权重,并据此做出最终决策。在确定最优方案或决策时,需要结合具体情况和需求,以确保方案或决策的可行性和有效性。

总之,优劣系数法基于评价指标,通过计算各个方案或决策的优劣程度和优劣系数,确定各个方案或决策的相对权重,以便做出最终决策。优劣系数法具有简单、直观、易于操作和计算等优点,是多目标决策中常用的一种方法。

3. 目标权数的确定

接下来我们将以举例的方式来将优劣系数法应用到实际场景中,同时详细分析应用优劣系数法的一般步骤。在计算优劣系数之前,必须先确定各目标的权数。

例9.2 某码头准备新建一泊位,考虑的主要目标有建设投资、建成年限、建成后需要投入的流动资金、年产值、产值利税率和环境污染。表9.12列出了三个不同方案的目标值。

表9.12　不同方案的目标值

目标	单位	方案1	方案2	方案3
目标1:建设投资	万元	1 000	860	750
目标2:建成年限	年	5	4	3
目标3:建成后需要投入的流动资金	万元	458	333	385
目标4:年产值	万元	2 600	1 960	2 200
目标5:产值利税率	%	12	15	12.5
目标6:环境污染		3	6	5

其中,环境污染以 $1 \sim 9$ 之间的数字表示,数字越大,表明环境污染越轻。表9.12中,方案2污染最轻,再依次为方案3、方案1。

从表9.12中可以看出,没有一个方案的各项指标绝对优于其他方案,也没有一个方案的各项指标绝对劣于其他方案。一般而言,对决策者来说,各目标的重要程度并不是一样的,有些目标相对来说重要一些,而有些目标则相对来说次要一些。因此,为了得到更合理的决策,需要对不同的目标给予不同的权数,下面介绍几种确定权数的方法。

（1）简单编码法

简单编码法是一种常用的确定目标权数的方法,通常应用于优劣系数法。其基本思想是:将各个目标之间的重要程度转换为数字,再根据数字的大小推算出各目标之间的权重比例,以此来确定各个目标的权重。简单编码法不需要复杂的计算和专业知识,适用于快速、简单地确定多目标中的权重或者仅作为权重确定的起始值。

简单编码法将目标按重要性依次排序,最次要的目标定为1,然后按自然数顺序由小到大确定权数。如有 A,B,C,D 四个目标,依重要性排序为 B,C,A,D,则其权数分别为4,3,2,1,将权数归一化,则权数分别是 A:0.2,B:0.4,C:0.3,D:0.1。在实际应用中,简单编码法应结合决策者的主观权重分配和基于数据分析等方法进行综合考虑,以得到更加准确的权重分配。对于复杂或具有许多目标的问题,可以采用其他方法(如层次分析法、模糊综合评价法等)来进行决策分析和权重确定。此外,简单编码法虽然简单易行,但它也有一定的局限性。因为它无法考虑各个目标的重要程度之间的差别,也无法处理其他复杂决策问题中的非线性关系和相互依存关系。因此,在使用简单编码法确定多目标权重时,需要注意其适用范围和限制条件,结合具体问题和实际情况进行权重分析和决策,以获得最优的决策结果。

(2)环比法

环比法的基本思想是:比较两个相邻时期的指标值,并将其变化情况反映在目标权数中。对于固定的一组评价指标,先对其进行量化,将指标值用数值表示。计算不同指标相邻时期的变化率(增长率或降低率),这个变化率就是环比系数,表明改变目标指标对整个评价体系的影响程度。然后,将各个指标的环比系数进行标准化处理,使它们的和为1,这样就可以得到各个指标在目标权数中的权重比例。最后,根据这些比例,对各指标进行加权平均,得出综合评价结果。如有 A,B,C,D 四个目标,其权数确定如表9.13 所示。

表9.13　用环比法确定目标权数

目标	A	B	C	D	合计
环比	1.5	0.5	2	1	
以 D 为基环比	1.5	1	2	1	5.5
权数	0.272 727	0.181 818	0.363 636	0.181 818	1

表9.13 中环比行的第一个数据表示 A 比 B 重要1.5 倍,0.5 表示 B 的重要性是 C 的一半。基环比行数据由环比行算出,它以 D 为基数1,C 的重要性为 D 的2倍,所以取值2,B 是 C 的重要性的一半,故取值1,依此类推。最后,权数行是以合计数为分母,基环比行各数为分子计算出来的。

环比法的优点是可以识别出指标变化的方向性,并将其反映在权重计算中,使得评价结果更加准确;环比法的缺点在于,可能会出现指标和时间的相关性问题,即同一指标在不同时间段的变化可能受到其他因素的干扰而出现较大波动,从而影响了其在目标权数中的比重。因此,在具体应用时,需要针对不同情况选择不同的确定目标权数的方法,以保证方法的准确性和可靠性。

(3)优序图

在优序图方法中,相对重要程度代表了不同指标之间的优先级顺序,可以用定量或定性的方式进行描述。在应用中,可以采用专家调查、文献研究、历史数据分析、图解法等多种方法来确定各项指标的相对重要程度。

对于不同指标之间权重系数的计算,需要结合具体情况和背景进行分析。例如,在决策过程中,某些指标可能具有更高的权重,需要在计算权重系数时予以体现。另外,在计算权重系数时,还需要考虑各项指标之间的相关性和依赖关系,以充分反映指标之间的影响程度,提高目标权数计算的准确性和有效性。

需要注意的是,在使用优序图方法确定目标权数时,还需要综合考虑不同因素之间的相互影响和协同作用,以确保方法的可靠性和有效性。因此,在具体应用时,需要根据实际情况和需求选择合适的方法,并进行合理的调整和修正,以达到更加准确和有效的目标权数确定结果。

优序图形式上是一个棋盘格式表格,横行和纵列都是要比较的目标,每一格填上两两相对比的数字,重要性可用1,2,3,4,5表示,数字越大,重要性越大。当两个目标相比时,如一个目标的重要性为5,则另一个目标的重要性为0;如一个目标的重要性为4,则另一个目标的重要性为1。假设决策者根据本原则,对本例的目标进行两两比较后所得结果如表9.14所示。将各行数值相加,即得各行的合计数,将合计数除以总数75,即得各目标的权数。

表9.14 目标两两比较值

	目标1	目标2	目标3	目标4	目标5	目标6	合计	权数
目标1		3	4	5	3	4	19	0.253 3
目标2	2		4	4	3	3	16	0.213 3
目标3	1	1		4	2	2	10	0.133 3
目标4	0	1	1		1	2	5	0.066 7
目标5	2	2	3	4		3	14	0.186 7
目标6	1	2	3	3	2		11	0.146 7
合计							75	1

4. 优系数和劣系数的计算

由于各项目标值的计量单位不一样,因此,在计算优劣系数之前,需要进行标准化处理。标准化的公式为

$$X = \frac{99(C-B)}{A-B} + 1 \qquad\qquad (9.7)$$

式中,A 为最好方案目标值;B 为最坏方案目标值;C 为待评价方案目标值。

在例 9.2 中,表 9.12 的第一行建设投资目标中,方案 3 数据最好,定其为 100;方案 1 数据最差,定其为 1。则方案 2 的 X 值为

$$X = \frac{99 \times (860-1\ 000)}{750-1\ 000} + 1 = 56.44$$

依此类推,可得表 9.15。

表 9.15　目标与方案

目标	方案 1	方案 2	方案 3
建设投资(目标 1)	1	56.44	100
建成年限(目标 2)	1	50.5	100
建成后需要投入的流动资金(目标 3)	1	100	58.816
年产值(目标 4)	100	1	38.125
产值利税率(目标 5)	1	100	17.5
环境污染(目标 6)	1	100	67

接下来,就可以计算优系数了。所谓优系数,是指一方案优于另一方案所对应的权数之和与全部权数之和的比率。在例 9.2 中,将方案 1 与方案 2 对比,方案 1 只有年产值一项优于方案 2,根据表 9.14,年产值(目标 4)的权数为 5,因此,方案 1 对于方案 2 的优系数为 5/75 = 0.667。同理,可以计算出其他优系数,如表 9.16 所示。

表 9.16　优系数计算表

方案	方案 1	方案 2	方案 3
方案 1		0.066 7	0.066 7
方案 2	0.933 3		0.466 7
方案 3	0.933 3	0.533 3	

优系数只反映目标优多少,以及这些目标的重要性,而不反映目标优的程度。

为了综合比较各方案的优劣,还需要计算劣系数。劣系数是通过对比两方案的优极差和劣极差来计算的。所谓优极差,是一方案与另一方案相比,对应的那些目标中优势目标数值相差最大者;所谓劣极差,是指一方案劣于另一方案的那些目标中数值相差大者。劣系数等于劣极差除以优极差与劣极差之和。例如,方案2优于方案3的目标有目标3、目标5和目标6,其差值为

$$100-58.816=41.184,100-17.5=82.5,100-67=33$$

其中82.5为最大差值,即优极差,而方案2在其余目标上劣于方案3,差值为

$$100-56.44=43.56,100-50.5=49.5,38.125-1=37.125$$

其中49.5为最大差值,即为劣极差,因此,方案2与方案3相比的劣系数为

$$\frac{劣极差}{劣极差+优极差}=\frac{49.5}{49.5+82.5}=0.375$$

同理,可推得其余劣系数,如表9.17所示。

表9.17 劣系数计算表

方案	方案1	方案2	方案3
方案1		0.5	0.615 4
方案2	0.5		0.375
方案3	0.384 6	0.625	

劣系数只反映目标数劣的程度,不反映劣的目标数,因此在进行决策时,应综合考虑优、劣系数。

优劣系数法是根据优劣系数逐步淘汰不理想的方案。优系数的最好标准是1,劣系数的最好标准是0,但在实际决策时,不可能达到这一标准,因而是通过逐步降低标准而不断淘汰方案。在例9.2中,取优系数为0.9、劣系数为0.1时,由表9.16可知,方案2和方案3与方案1相比的优系数都大于0.9,从而淘汰方案1。如果取优系数为0.75,劣系数为0.39,则由表9.17可知,方案2与方案3相比的劣系数小于0.39,因此,淘汰方案3,即在本例中,方案2是最优的。

第四节 模糊决策法

1. 基本概念和特点

人们对于一个问题、一项指标、一种产品等的决策评价往往要考虑多种因素,对有些因素的描述很难给出量化值。决策者从诸因素出发,参照有关信息,对各因

素分别做出"大、中、小""优、良、可、劣""高、中、低""好、较好、一般、较差、差"等定性评价。定性评价体现了所评价因素的一种客观分布状态,即在经典的清晰逻辑中,一个非此即彼的概念表述,在本质上并不是清晰可辨,而是模糊的。对此需要找到一种简便而有效的评价与决策方法,对人、事、物进行比较全面而又定量化的评价。建立在模糊数学基础上的模糊决策法就是一种有效方法。

事物的模糊性是指客观事物在中介过渡时所呈现的"亦此亦彼性"。清晰的事物是每个概念的内涵(内在含义或本质属性)和外延(符合本概念的全体)都必须是清楚的、不变的,每个概念非真即假,有一条截然分明的界线,如男、女。模糊性事物是由于人未认识,或有所认识但信息不够丰富,使其模糊性不可忽略。它是一种没有绝对明确的外延的事物。如美与丑等。人们对颜色、气味、滋味、声音、容貌、冷暖、深浅等的认识就是模糊的。

元素间的模糊关系是普通关系的推广,普通关系只能描述元素间关系的有无,而模糊关系则描述元素之间关系的多少。

模糊决策法是从一种不确定性和模糊性的角度来研究决策问题的一种方法,适用于那些难以精确收集各种数据或信息的决策环境。在模糊决策法中,任何决策的因素都可以用一个数学上的模糊变量来描述,使得属性的判断放宽到一定程度上变得模糊。因此,模糊决策是一种相对确定而不绝对精确的决策方法。

模糊决策也是一种非常实用的决策方法,它能考虑到决策问题中存在的模糊信息,通过量化方法使决策更加准确有效。在日常生活或工作中,往往我们无法用准确的数据和信息来量化决策因素,于是利用模糊数学进行决策分析的应用就越来越广,模糊决策法正成为决策领域中一种很有实用价值的工具。

2. 模糊决策法的基本步骤

步骤一:确定评价对象及评价因素集。

在进行评价之前,首先要明确评价的对象和目的,然后根据评价的目标确定评价因素集。评价因素集是对评价对象影响较大的因素的集合,它们是影响综合评价结果的关键。评价因素集的确定需遵循系统性、科学性、全面性等原则,应涵盖评价对象的各个方面,并通过专家讨论、文献调研等方式综合得出。

步骤二:构建评价等级集。

构建评价等级是为了定量化描述评价对象的各个因素和整体的质量等级。常见的评价等级有"优秀、良好、中等、较差、差"等。评价等级集的构建应与评价目的、评价对象及其特性紧密相关,等级的划分需精细合理,避免划分过多导致评价过程复杂化,或过少导致评价信息丢失。

步骤三:确定因素权重集。

每个评价因素对于整体评价的影响程度是不同的,因此,需要确定各评价因素的权重集合。确定权重的常用方法有专家打分法和层次分析法等。权重的确定应尽可能客观地反映每个因素对评价对象影响的真实程度,需通过科学的方法进行确定,并考虑因素之间的相互影响。

步骤四:构建模糊关系矩阵。

模糊关系矩阵是通过评价因素对每一等级的隶属度来描述的二维矩阵,它反映了评价对象在各因素下对各等级的隶属情况。构建模糊关系矩阵时,需要收集相关数据或通过专家打分的方式获取每个因素对应每个评价等级的隶属度,隶属度的确定需要充分考虑评价因素的特性及评价标准。

步骤五:模糊综合评价及其分析。

使用模糊综合运算,通过权重集合与模糊关系矩阵的复合运算得到综合评价向量。该向量反映了评价对象对于各个评价等级的隶属情况。在进行综合评价时,一般采用模糊综合评价运算法则,即"模糊矩阵的合成运算"。综合评价的结果需要进行仔细地分析,找出评价对象的优势和劣势,为后续的决策提供依据。

3.模糊决策法的基本要素

(1)模糊集合

设 X 为一个基本集合,若对每个 $x \in X$,都指定一个数 $\mu_A \in [0,1]$,则定义模糊子集 A 为

$$A = \left\{ \left| \frac{\mu_A(x)}{x} \right|, x \in X \right\}$$

$\mu_A(x)$ 称为 A 的隶属函数;$\mu_A(x_i)$ 称为元素 x_i 的隶属度。

当 X 是可数集合,且 $X = \{x_1, x_2, \cdots, x_n\}$ 时,则

$$A = \sum_{i=1}^{n} \frac{\mu_A(x)}{x}$$

当 X 中的元素不可数时,则记为

$$\int \frac{\mu_A(x)}{x} \mathrm{d}x \quad (x \in X)$$

隶属函数 $\mu_A(x) \in [0,1]$,即 $0 \leqslant \mu_A(x) \leqslant 1$。

例如,设某 4 人 a, b, c, d 属于高个子的程度分别为 $0.8, 0.5, 0.6, 0.2$,则该集合可表示成

$$A = \frac{0.8}{a} + \frac{0.5}{b} + \frac{0.6}{c} + \frac{0.2}{d}$$

式中的"+"称为查德符号,表示模糊集合的元素并列,没有相加含义。

（2）隶属函数的确定

在实践中,隶属函数的确定有许多方法,各种方法的客观程度也不一样。下面将介绍模糊统计确定隶属函数的方法。该方法是先选取一个基本集,然后取其中任意元素 x_i,再考虑此元素属于集合 A 的可能性。例如,先确定模糊集合是高个子,然后考虑某人 a 属于模糊集合的可能性,为得到量化的数据,可以邀请一些人来评判 a 是否属于高个子,由于人们对高个子的认识不一样,有人认为是,而有人则认为不是,这样可以得到

$$\mu_a = \lim_{n \to \infty} \frac{a \in A \text{ 的次数}}{n}$$

这里 n 是参加评判的总人数,试验次数只要充分大,μ_a 就会趋向 $[0,1]$ 中的一个数,此数即为隶属度。

（3）截集

模糊集合的 λ 截集是指 X 中对 A 的隶属度不小于 λ 的一切元素组成的普通集合,其定义如下:

对于给定的实数 $\lambda(0 \leqslant \lambda \leqslant 1)$,定义 $A_\lambda = \{x | \mu_A(x) \geqslant \lambda\}$ 为 A 的 λ 截集,其中 λ 为置信水平。

4. 算例

例 9.3 某制造型企业在研究产品发展方向时,有两个方案可供考虑:方案 A 是生产产品型号甲,方案 B 是生产产品型号乙。公司决策层对产品进行了功能分析,认为产品应具有数据分析、操作方便和界面美观三大功能,相应的功能集合为

$$X = \{X_1(\text{数据分析}), X_2(\text{操作方便}), X_3(\text{界面美观})\}$$

针对不同的功能因素,由有代表性的顾客子集对这三个因素进行评述,评级域定为

$$V = \{V_1(\text{很好}), V_2(\text{好}), V_3(\text{不太好}), V_4(\text{不好})\}$$

对产品型号甲的"数据分析",顾客中有 30% 认为"很好",有 60% 认为"好",还有 10% 认为"不太好",却无人认为"不好"。则对产品型号甲的"数据分析"的评价为

$$(0.3, 0.6, 0.1, 0)$$

类似地,可以得出产品型号甲的"操作方便"和"界面美观"的评价分别为

$$(0.3, 0.6, 0.1, 0)$$

$$(0.4, 0.3, 0.2, 0.1)$$

同样,对产品型号乙的"数据分析""操作方便"和"界面美观"的评价分别为

$$(0.1,0.2,0.6,0.1)$$

$$(0.1,0.3,0.5,0.1)$$

$$(0.2,0.2,0.3,0.3)$$

于是,就 A,B 两个方案,写出评价矩阵

$$R_A = \begin{pmatrix} 0.3 & 0.6 & 0.1 & 0 \\ 0.3 & 0.6 & 0.1 & 0 \\ 0.4 & 0.3 & 0.2 & 0.1 \end{pmatrix}$$

$$R_B = \begin{pmatrix} 0.1 & 0.2 & 0.6 & 0.1 \\ 0.1 & 0.3 & 0.5 & 0.1 \\ 0.2 & 0.2 & 0.3 & 0.3 \end{pmatrix}$$

由于顾客对"数据分析""操作方便"和"界面美观"的要求不一样,三者有所不同,因此要考虑相应地加上不同的权值。经过一系列的分析和研究决定,"数据分析"给予权值 0.3,"操作方便"给予权值 0.3,"界面美观"给予权值 0.4。

以上权值满足归一化要求,即 $0.3+0.3+0.4=1$,这三个权值组成 X 上的一个模糊向量

$$W = (0.3,0.3,0.4)$$

由此得出顾客对方案 A 和方案 B 的综合评价

$$B_A = W \cdot R_A = (0.3,0.3,0.4) \begin{pmatrix} 0.3 & 0.6 & 0.1 & 0 \\ 0.3 & 0.6 & 0.1 & 0 \\ 0.4 & 0.3 & 0.2 & 0.1 \end{pmatrix} = (0.4,0.3,0.2,0.1)$$

上述矩阵的运算法则为极大代数法则,如

$$b_1 = (0.3 \wedge 0.3) \vee (0.3 \wedge 0.3) \vee (0.4 \wedge 0.4) = 0.3 \vee 0.3 \vee 0.4 = 0.4$$

式中,$\wedge$ 表示取最小值,$\vee$ 表示取最大值,其余可类似求出。

同理,有

$$B_B = W \cdot R_B = (0.3,0.3,0.4) \begin{pmatrix} 0.1 & 0.2 & 0.6 & 0.1 \\ 0.1 & 0.3 & 0.5 & 0.1 \\ 0.2 & 0.2 & 0.3 & 0.3 \end{pmatrix} = (0.2,0.3,0.4,0.3)$$

因为 $0.2+0.3+0.4+0.3=1.2 \neq 1$,做归一化处理,得

$$B_B = (0.17,0.25,0.33,0.25)$$

现在,将评价结果作为自然状态的概率,结合方案 A 和方案 B 的损益值,制成模糊决策表,如表 9.18 所示。

表 9.18　模糊决策表

自然状态		产品评价			
		V_1	V_2	V_3	V_4
状态概率	方案 A	0.4	0.3	0.2	0.1
	方案 B	0.17	0.25	0.33	0.25
损益值	方案 A	1 000	800	300	−300
	方案 B	800	700	200	−200

根据表 9.18 中各自然状态的概率和损益值,可计算出每一方案的期望损益值

$$E_A = 0.4 \times 1\ 000 + 0.3 \times 800 + 0.2 \times 300 + 0.1 \times (-300) = 670 (万元)$$
$$E_B = 0.17 \times 800 + 0.25 \times 700 + 0.33 \times 200 + 0.25 \times (-200) = 327 (万元)$$

因此,应采用方案 A,即生产产品型号甲。

5. 多目标决策面临的挑战与应对策略

(1)多目标决策面临的挑战

随着现代化的不断加速和社会变迁的不断深化,面对海量的多维度的信息时代,多目标决策的应用已经非常广泛了。与其他决策模型不同,多目标决策将决策问题分解成目标指标、决策方案、创新环境等多个维度,综合考虑多个目标,并在这些目标之间做出权衡和取舍,决定要采取的行动措施。多目标决策在现实生活中具有广泛的应用和巨大的潜力,然而,其面临的挑战也日益明显,主要表现在以下几个方面。

①目标之间的不可比性。在多目标决策中,不同的目标往往是不可比较的,这意味着没有一个绝对的衡量标准,不能通过单一的指标对其进行评价。比如,在制造业决策中,降低成本和提高质量两个目标之间就是一种典型的不可比性。解决这种目标之间的不可比性问题的一种常用方法就是使用偏好函数,这种函数可以将不同目标的重要性进行量化,并将其转换为具有可比性的值。同时,在可行解集合的搜索过程中,通过定量或定性的方法,对每个目标进行优化策略的制订,以达到最佳平衡状态,同时保持各个目标的平衡。

②多目标之间的冲突。在进行多目标决策时,不同的目标之间难免会发生矛盾和冲突。例如,为了提高产品质量,制造成本可能会增加,两个目标之间存在相互制约的关系,使得多目标决策变得更加复杂和困难。这样的多目标之间的冲突问题,如何合理配置资源使这些冲突得到合理化的消解也是一个重要问题。

③指标设计难度。多目标决策要求确定合适的评估标准。通过这些标准,可

以协助决策人员综合考虑各个因素、权衡和比较、做出最终决策。但是,评估标准过多或设置不合理,会导致无法分清主次、无法权衡影响、造成分析混乱的问题。特别是在评估维度数量众多、维度之间关联紧密且存在相互制约、考核内容复杂等问题上,标准设计颇为困难,如何排除因人造成的误差更为复杂。

④求解算法的有效性和精度。在多目标决策中,寻找最优解集合是一个重要问题。多目标优化算法中存在许多具有不同特性和弊端的算法,例如遗传算法、蚁群算法、粒子群算法和模拟退火等。每种算法都有其相应的优缺点,这就使求解算法的选择和排列变得非常困难。此外,多目标决策的目标很多,这也导致求解算法的复杂性增加,提高了求解难度和精度的要求。

⑤评价结果的辨识度与规划的可实现度。在实际决策中,目标的多元性会引起对象间的次序不同,即可能存在辨识度不充分的问题,这使得决策者不能快速明确优劣。同时,考虑到实施决策的可行性和可实现性,方案的规划要综合考虑多种因素,如法律法规、社会需求等,而此类因素常会对决策的有效性和可行性产生重大影响。

⑥数据不确定性和缺乏数据。在实际决策中,有些因素难以量化并且存在不确定性,同时也可能存在数据缺失或数据精度低的问题。从而进一步影响决策结果。

(2)应对策略

针对这些挑战,我们也在不断加强对多目标决策的探索,我们可以采取以下策略来尽可能避免这些问题。

①对于目标之间的不可比性问题,可以采用权重法、偏差函数等方法对目标进行加权转化,以使目标之间具有可比性。在优化算法中,通过采用多目标决策算法来优化多个目标,以达到最佳平衡结果。

②对于多目标之间的冲突,可以通过 AHP 等多目标决策方法,建立目标之间的权重和优先级关系,从而有效地平衡多个目标,提高决策方案的经济效益。其中最关键的是,应该保证各指标的权重、优先级次序的合理性,并避免重心偏高或偏低造成选项失衡的问题。

③在指标设计时,可以采用各种制度性、规范性的方法来规范指标设定。例如,采用专家咨询、模拟和实验等方法,快速确定指标,确保指标的权重可靠且精确。同时,应该注意选用合适的评价方法,例如 AHP,TOPSIS 等,以更可靠、更有效的方式确定指标和其权重。在定义目标和追踪反馈环节中,也要时刻检验和调整我们所选择的策略,以此来进一步完善模型,并提升模型性能。

④要解决求解算法的有效性和精度问题,需要继续深入研究各类多目标优化

算法,并基于实际求解案例进行模拟练习,寻找最佳组合和排列策略。另外,在算法求解的时候,需要经常检验模型的合理性和稳定性,进行模型灵敏度分析,完善求解算法的可靠性。

⑤从解决评价结果辨识度的角度来看,应该针对所涉及的各个目标进行详细的分析和评估,判断其对模型影响的关键性,权衡它们之间的优先级和权重,依据实际情况逐一筛选出满足实际需要的最优决策方案。对于实际规划的可行性和可实现性问题,需要采用政策引导和可操作方案,来时刻检查方案是否可操作和成立,并及时对模型进行微调和修正,使决策模型的规划能够与实际方案紧密结合、相辅相成,从而达成目标。

⑥在出现数据不确定性和缺乏数据的情况下,可通过搜集相关数据,分析和比照前期经验,探寻并确定新的模型,摆脱不确定性。同时,也可以采用模拟和经验法等辅助手段来对数据进行补充,并采用合适的算法来处理数据的不确定性和模糊性问题,进一步提升多目标决策模型的适用性和精度。

总之,面对多目标决策领域不断增加的应用需求和挑战,需要采取一系列策略来克服难点和问题。应该加强理论研究,并通过多领域和全方位的跨界融合,进一步拓展决策模型,提高多目标决策的准确性和可行性,使其在应用领域中得到更加广泛的应用和推广。

第十章　群体决策

第一节　引　言

　　我们给大家介绍的单目标决策分析方法,每一种最优决策方案是以优化分析后获得的利润最大为目标的,这在管理理论中被称为理性决策。但在管理实践中,往往会出现理性决策不起作用的情况,决策制订过程的细节强烈地受到决策者个人文化修养、组织文化、内部环境等因素的影响,使直觉决策日趋流行。越来越多的人认为,理性分析被强调得过了头,并且在某些情况下,决策制订能通过决策者的直觉来改善。故直觉不是要被理性分析所取代,而是这两种方法是相辅相成的。

　　(1)管理者使用直觉决策的8种情况

　　①存在高不确定性时。

　　②极少有先例存在时。

　　③变化难以科学地预测时。

　　④"事实"有限时。

　　⑤事实不足以明确指明前进道路时。

　　⑥分析性数据用途不大时。

　　⑦当需要在几个可行方案中选择一个,而每一个的评价都良好时。

　　⑧时间有限,并存在提出正确决策的压力时。

　　(2)在运用直觉时,管理者可遵循的标准模型

　　①在决策过程之初使用直觉决策。在决策开始时使用直觉,决策者努力避免系统分析问题。他让直觉自由发挥,努力产生不寻常的可能性事件,以及形成从过去资料分析和传统行事方式中一般无法产生的新方案。

　　②在决策过程结尾使用直觉。在决策制订结尾的直觉运用,有赖于确定决策标准及其权重的理性分析,以及制订和评价方案的理性分析。但这一切做完后,决策者会暂时中断决策过程,目的是为了筛选和消化信息。这种方法被形象地描述为"睡眠决策",即一两天后再做出最后的选择。

　　所有决策对象都是某种客观存在的实体或由许多实体组成的系统,且这种实

体或系统不受其他任何理性行为的支配(例如另一决策者的支配),因此不存在任何与该问题决策主体发生利益上的竞争问题。从这种意义上讲,决策主体实际上只有一个。当决策的主体是由两个或两个以上的实体组成,且成员之间互有影响时,这样的决策便称为"群体决策"。

第二节 群体决策的分析

企业中的许多决策,尤其是对其活动和人事有极大影响的重要决策,是由集体制订的。在本节中我们将比较群体决策和个人决策的优缺点,以此来明确什么时候应采取群体决策。

1. 决策风格

(1)定义

决策风格是群体参与还是个人专断以及决策者愿意承担风险的程度,是反映一国文化环境下决策差异的两个方面。

(2)民族文化对决策风格的影响

例如,管理决策是从长远观点出发的,而不是只考虑短期的利润。在美国的企业中,这种长远的观点较为普遍,并且美国人乐于使用群体决策;而日本人在群体决策方面比美国人表现得更为普遍和强烈,这可以从日本的民族文化特征得到解释。再如,德国的管理方式反映了德国文化讲究结构和秩序的特征。在德国,组织中制订有大量的规则和条例,管理者有明确的责任并按规定的组织路径进行决策。瑞典管理者的决策风格与德国的管理者不同,他们更富于进取性,主动提出问题,并不怕冒风险。瑞典的高层管理者也是把决策权层层委让,他们鼓励低层管理人员和雇员参与影响他们利益的决策。

这些例子表明,管理者需要改变他们的决策风格,以反映他们所在国家的民族文化和所在公司的组织文化。

2. 群体决策的特点

个人决策和群体决策都各具优点,但两者都不能适用于所有情况。让我们先从群体决策相对于个人决策的优点谈起。

(1)优点

①提供更完整的信息。"两人的智慧胜于一人"是一句常用的格言。一个群体将带来个人单独行动所不具备的多种经验和不同的决策观点。

②产生更多的方案。因为群体拥有更多数量和种类的信息,他们能比个人制

订出更多的方案。当群体成员来自于不同专业领域时,这一点就更为明显。例如,一个由工程、会计、生产、营销和人事代表组成的群体,将制订出反映他们不同背景的方案。故多样化的"世界观"常产生更多的方案。

③增加对某个解决方案的接受性。许多决策在做出最终选择后却以失败告终,这是因为人们没有接受解决方案。但如果让受到决策影响或实施决策的人们参与了决策制订,他们将更可能接受决策,并更可能鼓励他人也接受它。群体成员不愿违背他们自己参与制订的决策。

④提高合法性。群体决策的制订过程是与民主思想相一致的,因此人们觉得群体制订的决策比个人制订的决策更合法。拥有全权的个体决策者不与他人磋商,这会让人感到决策是出自于独裁和武断。

(2)缺点

既然群体决策如此之好,那么怎么解释"把赛马聚拢在委员会里就成了骆驼"这句话为何如此流行呢?这显然是群体决策并非完美无缺之故。其主要缺点如下。

①消耗时间。组成一个群体显然要花费时间。此外,一旦群体形成,其成员之间的相互影响常导致低效,结果造成群体决策总要比个人决策花费更多的时间。

②少数人统治。一个群体成员永远不会是完全平等的。他们可能会因组织职位、经验、有关问题的知识、易受他人影响的程度、语言技巧、自信心等因素而不同。这就为单个或少数成员创造了发挥其优势、驾驭群体中其他人的机会。支配群体的少数人,经常对最终的决策有过度的影响。

③屈从压力。在群体中要屈从社会压力,从而导致所谓的群体思维。这是一种屈从的形式,它抑制不同观点、少数派和标新立异以取得表面的一致。群体思维削弱了群体中的批判精神,损害了最后决策的质量。

④责任不清。群体成员分担责任,但实际上谁对最后的结果负责却不清楚。在个人决策中,谁负责任是明确具体的。而在群体决策中,任何一个成员的责任都被冲淡了。

3.群体决策的选择

(1)效果

群体决策是否比个人决策更有效,取决于你如何定义效果。群体决策趋向于更精确。有证据表明,一般而言,群体能比个人做出更好的决策。当然这不是说所有的群体决策都优于每一个个人决策,而是群体决策通常优于群体中个体的平均决策水平,但它们并不总是比杰出的个人所做的决策要好。

如果决策的效果是以速度来定义的话,那么个人决策更为优越。以反复交换

意见为特点的群体决策过程,也是耗费时间的过程。

如果决策的效果是以创造性程度来定义的话,那么群体决策比个人决策更为有效。但这要求培养群体思维的推动力必须受到限制。在下一节,我们将探讨几种医治群体思维的疗法。

如果决策的效果是以接受程度来定义的话,那么群体决策比个人决策更为优越。如前所述,因为群体决策参与的人更多,所以他们有可能制订出更广为人接受的方案。

群体决策的效果还受群体大小的影响。群体越大,异质性的可能性就越大。另外,一个更大的团体需要更多的协调和更多的时间促使所有的成员做出贡献。因此,群体不宜过大,小到 5 人,大到 15 人即可。有证据表明,5～7 个人组成的群体在一定程度上是最有效的。因为 5 和 7 都是奇数,可避免不愉快的僵局。这样的群体大得足以使成员变换角色和退出尴尬的状态,却又小得足以使不善辞令者积极参与讨论。

(2)效率

离开了效率的评价,效果就无从谈起,群体决策者和个人决策者相比,其效率几乎总是稍逊一筹,群体决策比个人决策消耗的工作时间更多。一般来说,群体决策的效率更低。在决定是否采用群体决策时,主要的考虑是效果的提高是否足以抵消效率的损失。

第三节 改善群体决策的方法

当群体成员面对面交流或相互作用时,他们就形成了潜在的群体思维,他们会自我检讨或对其他成员造成压力。以下是四种有助于群体决策更具创造性的方法,即头脑风暴法,名义群体法,德尔菲法和电子会议法。

1. 头脑风暴法

(1)由来

头脑风暴法是由美国创造学家亚历克斯·奥斯本(Alex Osborn)于 1939 年首次提出、1953 年正式发表的一种激发性思维的方法。此法经各国创造学研究者的实践和发展,至今已经形成了一个发明技法群,如奥斯本智力激励法、默写式智力激励法、卡片式智力激励法等。

头脑风暴法是为了克服阻碍产生创造性方案的遵从压力的一种相对简单的方法。它利用一种思想的产生过程,鼓励提出任何种类方案的设计思想,同时禁止对各种方案的任何批评。

（2）原理

头脑风暴法的原理是通过会议的形式，向专家集中征询他们对某一问题的看法。策划者将与会专家对该问题的分析和意见有条理地组织起来，得到统一的结论，并在此基础上进行项目策划。在头脑风暴法中，参与者的任务是对事先提出的长远规划提出异议、改进和综合。

（3）激发机理

①联想反应。联想是产生新观念的基本过程。

②热情感染。在不受任何限制的情况下，集体讨论问题能激发人的热情。

③竞争意识。在有竞争意识的情况下，人人竞相发言，不断地开动思维机器，力求有独到的见解。

④个人欲望。在集体讨论解决问题的过程中，个人的欲望自由展现。

（4）实施步骤

①确定问题或主题。首先，需要明确讨论的问题或主题，确保每个参与者都能理解。

②通知参与者。提前通知参与者（通常 7～15 人左右），并告知他们讨论的问题或主题。

③准备资料。为参与者提供必要的资料和信息，帮助他们更好地思考和提出观点。

④开会。在会议中，让每个参与者按顺序陈述自己的观点，不允许批评或评论。

⑤记录观点。在会议进行过程中，将每个参与者提出的观点记录下来，以便后续的分析和整理。

⑥分类和整理。会议结束后，对记录的观点进行分类和整理，以便进行进一步的分析。

⑦分析和总结。对整理好的观点进行分析，找出其中的规律或主题，做出决策。

⑧执行决策。将决策应用到实际问题或项目中，以实现创新或解决问题的目标。

在典型的头脑风暴会议中，一些人围桌而坐。群体领导者以一种明确的方式向所有参与者阐明问题。然后成员在一定的时间内"自由"提出尽可能多的方案，不允许任何批评，并且所有的方案都当场记录下来，留待稍后进行讨论和分析。

但是头脑风暴法仅是一个产生思想的过程，而后面两种方法则进一步提供了

取得期望决策的途径。

2. 名义群体法

（1）特点

名义群体法的特点是群体成员在讨论过程中被要求独立思考在，而不是实时互动讨论。像参加传统委员会议一样，群体成员必须出席，但他们是独立思考的。这种方法的主要优点在于，使群体成员正式开会但不限制每个人的独立思考，而传统的会议方式往往做不到这一点。

（2）实施步骤

具体来说，它遵循以下步骤。

①成员集合成一个群体。在进行任何讨论之前，每个成员独立地写下他对问题的看法。

②经过一段沉默后，每个成员将自己的想法提交给群体。然后一个接一个地向大家说明自己的想法，直到每个人的想法都表述完并记录下来为止（通常记在一张活动挂图或黑板上）。在所有的想法都记录下来之前不进行讨论。

③群体现在开始讨论，以便把每个想法弄清楚，并做出评价。

④每一个群体成员独立地把各种想法排出次序，最后的决策是综合排序最高的想法。

3. 德尔菲法

德尔菲法是一种更复杂、更耗时的方法，除了并不需要群体成员列席，它类似于名义群体法。

像名义群体法那样，德尔菲法隔绝了群体成员间过度的相互影响。它还无须参与者到场，故像比亚迪公司，可以用此方法询问不同国家各个区域的销售经理，有关本公司一种新能源汽车最合理的世界范围的价格情况。这样做避免了召集主管人的花费，又获得了来自比亚迪公司的主要市场信息。当然，德尔菲法也有其局限性，因为它耗费时间。当需要进行一个快速决策时，这种方法通常行不通。而且，这种方法不能像相互作用的群体或名义群体那样，提出丰富的设想和方案。

德尔菲法的其他内容，详见第四章。

4. 电子会议法

最新的群体决策方法是将名义群体法与尖端的计算机技术相结合的电子会议法。会议所需的技术一旦成熟，概念就简单了。多达50人围坐在一张马蹄形的桌子旁。这张桌子上除了一系列的计算机终端别无他物。将问题显示给决策参与者，他们把自己的回答打在计算机屏幕上。个人评论和票数统计都投影在会议室

的屏幕上。

电子会议的主要优点是匿名、诚实和快速。决策参与者能不透露姓名地打出自己所要表达的任何信息，一敲键盘既显示在屏幕上，使所有人都能看到。它还使人们能够充分地表达他们的想法而不会受到惩罚，它消除了闲聊和讨论偏题，且不必担心打断别人的"讲话"。

然而，电子会议也存在缺点。那些打字快的人使得那些口才虽好但打字慢的人相形见绌；再有，这一过程缺乏面对面的口头交流所传递的丰富信息。

随着人工智能和虚拟现实技术的飞速发展，电子会议也迎来了新的变革。电子化智能远程会议系统在商业和社交领域崭露头角。无论是跨国公司的高级管理层会议，还是学术界的学术探讨会，电子化智能远程会议技术的应用正变得越来越普遍。这种远程会议系统以互联网为基础，结合视频会议、语音通话和在线写作等功能，使得人们不再需要面对面地开会，从而实现更加高效、便捷地沟通与协作。同时，也增加了会议的互动性和参与度。可以预计，未来的群体决策会更加广泛地使用电子会议法。

参 考 文 献

[1] 陈殿阁. 市场调研与预测[M]. 北京:北京交通大学出版社,2004.

[2] 简明,金勇进,蒋妍. 市场调研方法与技术[M]. 北京:中国人民大学出版社,2004.

[3] 廖进球,李志强. 市场调研与预测[M]. 湖南:湖南大学出版社,2009.

[4] 宋思根. 市场调研[M]. 北京:电子工业出版社,2009.

[5] 许以洪,熊艳. 市场调研与预测[M]. 北京:机械工业出版社,2010.

[6] 郝奋. 市场调研[M]. 北京:经济管理出版社,2015.

[7] 王秀娥. 市场调研与预测[M]. 北京:清华大学出版社,2012.

[8] 王冲,李冬梅. 市场调研与预测[M]. 上海:复旦大学出版社,2013.

[9] 闫秀荣. 市场调研与预测:第二版[M]. 上海:上海财经大学出版社,2013.

[10] 魏颖,岁磊. 市场调研与预测[M]. 北京:经济科学出版社,2010.

[11] 张康之. 风险社会中的科学决策问题[J]. 哈尔滨工业大学学报(社会科学版),2020,22(4):1-9.

[12] 吴方宁. 科学决策视野中的求真务实[J]. 求实,2007,3:16-18.

[13] 葛桂荣,余健. 科学决策中的认识论[J]. 东北大学学报(社会科学),2001,3(2):119-121.

[14] 张文镐,李林. 论科学决策的前提和基础[J]. 河北省社会主义学院学报,2012,(1):70-72.

[15] 谢丹,王蕾. 数字技术赋能国有企业科学决策和创新发展[J]. 行政论坛,2023,179(5):156-160.

[16] 斯蒂芬·P. 罗宾斯. 管理学:第四版[M]. 孙健敏,译. 北京:中国人民大学出版社,1997.

[17] 余乐安. 基于人工智能的预测与决策优化理论的研究[J]. 管理科学,2022,35(1):60-66.

[18] 冯倩倩,孙晓蕾,郝俊. 基于状态转移回归的动态集成时序预测方法[J]. 中国管理科学,2024,32(2):307-312.

[19] 范丽伟,董欢欢,渐令. 基于滚动时间窗的碳市场价格分解集成预测研究[J].

中国管理科学,2023,31(1):278-286.

[20] 宁宣熙,刘思峰.管理预测与决策方法:第二版[M].北京:科学出版社,2009.

[21] 马海平.试论决策概念与决策类型[J].延安大学学报(社会科学版),1987,(2):40-48.

[22] 岳超源.决策理论与方法[M].北京:科学出版社,2003.

[23] 赵璇.损益值和损益概率对风险决策影响的ERP研究[D].金华:浙江师范大学,2012.

[24] 萨特利等.全局敏感性分析[M].吴琼莉,丁义明,易鸣,等,译.北京:清华大学出版社,2018.

[25] 郎茂祥.预测理论与方法[M].北京:清华大学出版社,2011.

[26] 汪晓琦.电子会议系统的新技术应用与发展趋势[J].智能建筑,2016,195(11):29-33.